FiNALE
Prüfungstraining

Hessen
Realschulabschluss 2010

Arbeitsheft

Mathematik

Bernhard Humpert
Dr. Alexander Jordan
Dr. Martina Lenze
Prof. Bernd Wurl
Prof. Dr. Alexander Wynands

Rosel Reiff
Annelotte Rothermel

D1726875

westermann

Liebe Schülerin, lieber Schüler,

unter www.finaleonline.de findest du interaktive Testaufgaben, mit denen du vorab deinen Leistungsstand ermitteln kannst. Das Testergebnis verweist dann auf Seiten in diesem Arbeitsheft, mit denen du zu deinem Fehlerschwerpunkt üben kannst.

Außerdem findest du hier die Original-Prüfungsaufgaben 2009 mit ausführlichen Lösungen. Sobald die Prüfungsaufgaben zur Veröffentlichung freigegeben sind, kannst du die Materialien mit folgendem Codewort kostenlos herunterladen: **HE2010-mars**

© 2009 Bildungshaus Schulbuchverlage
Westermann Schroedel Diesterweg
Schöningh Winklers GmbH, Braunschweig
www.westermann.de

Druck A[1] / Jahr 2009
Alle Drucke der Serie A sind im Unterricht parallel verwendbar.

Redaktion: Dr. Heike Bütow
Layout & Typographie: Heike Rieper
Umschlaggestaltung nach einem Entwurf von Idee Design, Edgar Rüttger, Langlingen
Herstellung: Dirk von Lüderitz
Zeichnungen: Peter Langner
Illustrationen: Dietmar Griese
Satz: media service schmidt, Hildesheim
Bildquellen: Seite 9 © Elizabeth Whiting & Associates/CORBIS; Seite 21, 71 o. l., 83 A. Wynands, Königswinter; Seite 50 DB AG, Berlin; Seite 69 M. Lenze, Berlin; Seite 71/1. und 2. Max Schröder, Koblenz; Seite 71/3. Mareike Witt, Berlin; Seite 82 Grundig Intermedia GmbH, Nürnberg; Seite 85 Pilatus-Bahnen, CH-Luzern; Seite 86 F. G. Nordmann; Seite 87 picture alliance/dpa/dpa web

Druck und Bindung: westermann druck GmbH, Braunschweig

ISBN 978-3-14-271008-2

Inhaltsverzeichnis

Liebe Schülerin, lieber Schüler,

zum Abschluss des Schuljahres 2009/2010 wird zum Realschulabschluss wieder eine schriftliche Abschlussprüfung im Fach Mathematik durchgeführt. Dir und vielen anderen Schülerinnen und Schülern wird diese Arbeit wahrscheinlich nicht leicht fallen, da einiges anders und ungewöhnlich gegenüber den gewohnten Klassenarbeiten sein wird:

• Umfang und Bearbeitungsdauer sind größer.
• Es wird Wissen benötigt, dessen Behandlung im Unterricht teilweise weit zurückliegt.
• Komplexe Aufgaben verlangen Textverständnis und die Anwendung bzw. eigenständige Entwicklung besonderer Lösungsstrategien.

Natürlich wird deine Mathematiklehrerin oder dein Mathematiklehrer bemüht sein, dich auf diese Abschlussarbeit einzustellen. Aber es ist sicher hilfreich, wenn du dich darüber hinaus selbstständig vorbereitest. Für diesen Zweck ist das vorliegende **FiNALE**-Arbeitsheft erstellt worden. Es enthält vier Arbeitsteile.

Teil A:

Am Anfang steht ein **Eingangstest** mit Aufgaben, wie sie von der Art her in der Abschlussarbeit zu erwarten sind. Diesen Test solltest du zunächst in Etappen von höchstens 90 Minuten bearbeiten, um Konzentrations- und Ermüdungsfehler so weit wie möglich zu vermeiden.
Der Platz für Rechnungen, Zeichnungen, Begründungen und Antwortsätze ist so angelegt, dass du mit ihm auskommen solltest.

Teil B:

In diesem Teil findest du jeweils in der linken Spalte **ausführliche Lösungen zum Eingangstest.** Hier kannst du überprüfen, welche Aufgaben des Eingangstests du richtig gelöst hast. Wir empfehlen dir dringend, auch bei richtiger Bearbeitung der jeweiligen Aufgabe des Eingangstests, diese ausführlichen Lösungen durchzuarbeiten, da es dort auch wichtige weitere Informationen, die über die Aufgabe selbst hinausgehen, geben kann.
Danach solltest du dich den **Übungsaufgaben** zuwenden, die zusätzlich auf dieser Seite stehen. Diese Übungsaufgaben passen zu der ausführlich gelösten Aufgabe des Eingangstests. Sie ermöglichen ein intensives **Vorbereitungstraining**. Bitte auch hier keine Übungssequenzen von mehr als 90 Minuten!

Die Lösungen der Übungsaufgaben zu den Basiskompetenzen solltest du jeweils auf dem Blatt neben den Übungsaufgaben erarbeiten. Auf diesen Musterbögen findest du zu deiner Arbeitserleichterung bereits geordnet Platz für Lösungen und Zwischenrechnungen, aber auch Zahlengeraden, Koordinatensysteme, Kreise zum Zeichnen von Kreisdiagrammen, grafische Elemente, Karos zum Rechnen, Linien zum Schreiben o. Ä. vor. Die Blätter helfen dir, Lösungen übersichtlich darzustellen und Ergebnisse von Zwischenrechnungen deutlich sichtbar zu trennen.

Für die Lösungen der komplexen Übungsaufgaben im Teil B gilt folgende Empfehlung: Lege dir ein DIN-A4-Heft mit karierten Seiten zu. Strukturiere die Lösungen mit grafischen Darstellungen, Antwortsätzen und Zwischenrechnungen wie auf den 12 Musterbögen zu den ersten Übungsaufgaben im Teil B. Eine solche Strukturierung erleichtert dir den Vergleich mit den ausführlichen Lösungen, die am Ende des Arbeitsheftes eingelegt sind. Und wenn du kurz vor dem entscheidenden Testtermin noch einmal deine Lösungen durchsehen und die Lösungsschritte nachvollziehen willst, findest du dich schneller zurecht.

Teil C:

Ist der Teil B durchgearbeitet und das Vorbereitungstraining damit abgeschlossen, steht im Teil C ein **Abschlusstest** bereit. Auch hier ist der Platz für Rechnungen, Zeichnungen, Begründungen und Antwortsätze so umfangreich, dass du mit ihm auskommen solltest.

Der Abschlusstest ist – natürlich mit anderen Aufgaben – ähnlich aufgebaut wie der Eingangstest und zeigt dir, wie viel dir das Vorbereitungstraining gebracht hat. *Wer ernsthaft und gründlich gearbeitet hat, wird mit dem Nachweis einer erheblichen Leistungssteigerung belohnt werden!*

Teil D:

Hier sind Aufgaben zusammengestellt, die in früheren Jahren bei zentralen Prüfungen auftraten. Es macht viel Sinn, auch diese Testaufgaben anzusehen und durchzuarbeiten.

Zum Zeitpunkt der Drucklegung dieses Arbeitsheftes ist die zentrale Prüfungsarbeit im Fach Mathematik 2009 noch nicht geschrieben worden.

Sobald die Originalprüfungsaufgaben zur Veröffentlichung freigegeben sind, können sie zusammen mit ausführlichen Lösungen kostenlos im Internet unter www.finaleonline.de und dem Codewort HE2010-mars heruntergeladen werden.

Formelsammlung:

Bei der schriftlichen Abschlussprüfung im Fach Mathematik ist es den Schülerinnen und Schülern erlaubt, eine Formelsammlung zu benutzen. Eine Formelsammlung, die alle in der Abschlussprüfung benötigten Formeln enthält, findest du auf den Seiten 104 bis 106.

Du solltest diese Formelsammlung verwenden, wenn du **FiNALE** durcharbeitest.

Übungstagebuch:

Im Übungstagebuch solltest du für die Aufgaben vom Eingangstest (Teil A) eintragen, wann du sie bearbeitet hast und ob Schwierigkeiten bei ihnen aufgetreten sind.

Dann kannst du ganz gezielt den Teil B durcharbeiten – am besten zuerst die Lösungen, bei denen du Schwierigkeiten hattest, und dann die Übungsaufgaben neben den Lösungen.

Grundsätzlich solltest du dich mit allen Aufgaben im Teil B befassen, bevor du im Abschlusstest (Teil C) deine Leistungssteigerung überprüfst.

Lösungen:

Am Ende des Arbeitsheftes findest du eine Einlage mit ausführlichen Lösungen in detaillierten Schritten zu allen Aufgaben in den Teilen B, C und D. Achte darauf, dass du Arbeitsheft und Einlage stets zusammen aufbewahrst!

Basiskenntnisse:

„FiNALE" setzt Basiskenntnisse in Mathematik aus den vorangegangenen Schuljahren weitgehend voraus. Wenn hier Defizite bestehen, kannst du sie in einem extra erstellten Begleitmaterial **FiNALE**-Basiswissen (Bestellnummer 978-3-14-126019-9) aufarbeiten.

Dieses **FiNALE**-Arbeitsheft und auch das Begleitmaterial „Basiswissen" wurden unter Berücksichtigung der aktuellen Diskussion über Schülerleistungen am Ende der 10. Jahrgangsstufe sorgfältig zusammengestellt. Das **FiNALE**-Team wünscht dir damit eine erfolgreiche Vorbereitung auf die Abschlussprüfung 2010!

1 Ordnen

Ordne der Größe nach, beginne mit der kleinsten Zahl:

$$0,5 \qquad -0,7 \qquad 0,6 \qquad 1\frac{3}{5} \qquad \frac{3}{4} \qquad -\frac{1}{2}$$

☐ < ☐ < ☐ < ☐ < ☐ < ☐

TIPP: Schreibe Brüche als Dezimalbrüche.

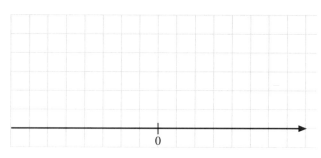

2 Flächeninhalt und Umfang eines Rechtecks

Ein Rechteck ist 8 cm lang und 6 cm breit.

a) Wie groß ist sein Flächeninhalt? Kreuze an.

☐ 14 cm ☐ 14 cm² ☐ 28 cm
☐ 48 cm ☐ 48 cm² ☐ 56 cm²

b) Wie groß ist sein Umfang?

u = _____

3 Biomasse vor Solarenergie

Im Jahr 2006 betrug der Gesamtumsatz mit erneuerbaren Energien ca. 20 Mrd. Euro. Davon entfielen ein Viertel auf Windkraft, ein Drittel auf Biomasse und 32 % auf Solarenergie. Der Rest verteilte sich im Wesentlichen auf Wasserkraft und Geothermie.

a) Stimmt die Überschrift der Aufgabe? Begründe.

_____

_____

Kreisdiagramm:

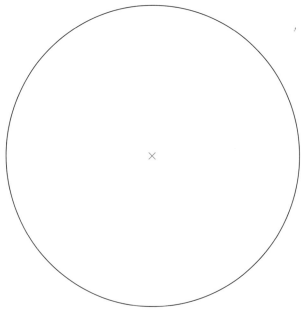

b) Wie groß war der Umsatz bei der Solarenergie?

_____ Mrd. €

c) Wie viel Prozent entfallen auf die sonstigen erneuerbaren Energien?

_____ %

d) Stelle die Anteile in einem Kreisdiagramm dar.

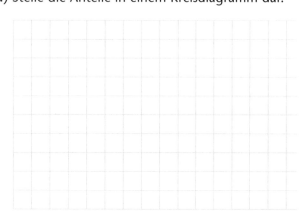

4 Zuordnungen

In welchen Beispielen erkennst du proportionale (p) oder antiproportionale (a) Zuordnungen? Wo liegt keines von beiden (k) vor? Trage in die rechte Spalte jeweils p, a oder k ein.

1	*Preis für 1 kg Äpfel → Preis für 3 kg Äpfel*	
2	*Anzahl von Fotos auf jeder Albumseite → Seitenanzahl eines Albums mit 100 Fotos*	
3	*Fläche eines Bundeslandes → Einwohnerzahl des Bundeslandes*	
4	*Entfernung zweier Orte auf der Landkarte → Entfernung (Luftlinie) der Orte in Wirklichkeit*	
5	*Körpergröße eines Menschen → Körpergewicht des Menschen*	

5 Überschlagen

Von 39,5 kg Tomaten sind ca. 1900 g verdorben. Welcher Anteil Tomaten ist das? Kreuze zwei Angaben an, die dazu recht gut passen:

(1) ein Zehntel ☐   (5) 30 % ☐
(2) die Hälfte ☐   (6) 20 % ☐
(3) ein Zwanzigstel ☐   (7) 10 % ☐
(4) ein Drittel ☐   (8) 5 % ☐

6 Funktionsgleichung

Arbeite mit der Gleichung $y = 27 - 3 \cdot (x - 6)^2$.

a) Welchen Wert hat y für x = 5?   y = _____

b) Für welche x-Werte wird y = 0?   x-Werte: _____

7 Graphen und Gleichungen

Ordne den Graphen (f_1, f_2, ...) die zugehörige Funktionsgleichung zu.

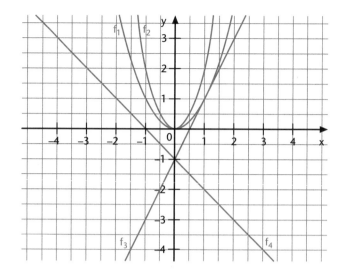

$y = -x - 1$	
$y = 0,5x^2$	
$y = x^2$	
$y = 2x^2$	
$y = x - 1$	
$y = 2x - 1$	

8 MP3-Player

Die Redakteure einer Verbraucherzeitschrift haben den Preis für einen bestimmten MP3-Player in fünf verschiedenen Geschäften erfragt. Rechts siehst du das Ergebnis:

> 109,90 €   99,95 €   159,00 €
>
> 111,10 €   116,50 €

a) Gib Median *(Zentralwert)*, Spannweite und arithmetisches Mittel der Stichprobe an:

Median: _____

Spannweite: _____

Arithmetisches Mittel: _____

b) Wie hoch hätte der Preis des teuersten MP3-Players nur sein dürfen, damit Median und arithmetisches Mittel übereinstimmen?

_____

9 Vergleichen

Setze ein:
<, = oder >.

a) $\sqrt{100\pi}$ ☐ 31

b) $(12 + 67)^2$ ☐ $12^2 + 67^2$

c) $1,5 \cdot 10^4 \cdot 4 \cdot 10^3$ ☐ $6 \cdot 10^7$

d) $250 \cdot 4$ Mio. ☐ 10^{10}

10 Dreieck im Koordinatensystem

a) Zeichne das Dreieck A(2|3), B(6|3) und C(5|6) in das gegebene Koordinatensystem.

b) Welchen Flächeninhalt hat das Dreieck?

A = _____

c) Spiegele das Dreieck am Punkt B.

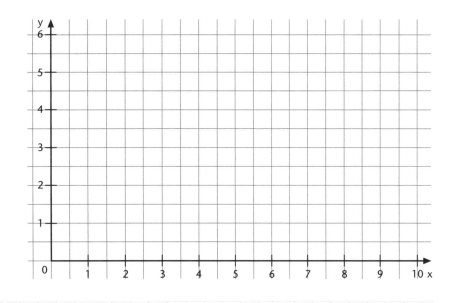

11 Schätzen

Kreuze an, was am besten dazu passt.

Lackierte Oberfläche

☐ 12 000 cm² ☐ 1200 dm²
☐ 120 m² ☐ 120 000 mm²

Zahl der Herzschläge im Jahr

☐ 340 000 ☐ 3 400 000
☐ 34 000 000 ☐ 340 000 000

Volumen des Kartons

☐ 80 l ☐ 80 000 mm³
☐ 0,8 dm³ ☐ 8000 cm³

TIPP: Schätze zuerst Maße bzw. Herzschläge pro Minute.

12 Schwimmbecken

Ein quaderförmiges Schwimmbecken (6 m breit, 5 m lang, 2 m tief) ist bis zum Rand mit Wasser gefüllt.

a) Wie viel m³ Wasser fasst dieses Schwimmbecken?

b) Zeichne ein Schrägbild in einem geeigneten Maßstab.

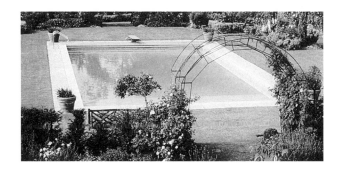

13 Aussagen

Welche der folgenden Sachtexte passen zu der Gleichung x + (x − 3) = 60? Kreuze an.

1	Vera ist drei Jahre jünger als Max. Zusammen sind sie 60 Jahre alt.	☐ Ja	☐ Nein
2	Eine Lostrommel enthält dreimal so viel Nieten wie Gewinnlose. Insgesamt sind 60 Lose in der Trommel.	☐ Ja	☐ Nein
3	Familie Maier legt auf ihrer zweitägigen Radtour insgesamt 60 km zurück. Am zweiten Tag fahren sie 3 km weniger als am ersten Tag.	☐ Ja	☐ Nein
4	Ein 60 m² großer Saal wird mit Parkett ausgelegt. Länge und Breite des Raumes unterscheiden sich um 3 Meter.	☐ Ja	☐ Nein

14 Winkelbestimmung

Wie groß ist der Winkel α in der Figur rechts? α = _____

15 Komma

Die Ziffernfolge stimmt. Setze in der blauen Zahl ein Komma so, dass die Gleichung stimmt (ohne Taschenrechner).

a) 12,3 · 4,56 = 5 6 0 8 8 0 0 0 0

b) 1 2 3 0 0 0 · 45,6 = 56 088

16 Zylinder

Ein Zylinder hat eine Grundfläche mit dem Radius 14 cm und ist 8 cm hoch. Bestimme die Oberfläche des Zylinders gerundet auf ganze cm².

Oberfläche: _____

17 Prozente

a) Wie viel sind 30 % von 250 €?

_____

b) Wie viel Prozent sind 25 cm von 5 m?

_____

c) Von wie viel Kilogramm sind 5 % genau 10 kg?

_____

d) Ein Kapital von 620 € wird ein Jahr lang mit 4 % verzinst. Berechne die Jahreszinsen.

_____

18 Billard

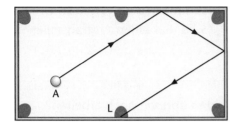

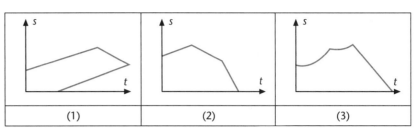

(1)	(2)	(3)

Die blaue Billardkugel läuft auf dem angegebenen Weg vom Punkt A in das Loch L am Spielfeldrand. Welcher der abgebildeten Graphen (1), (2) oder (3) gibt am ehesten die Entfernung s der blauen Kugel vom Loch L während der Laufzeit t an? Begründe.

_____

_____

19 Würfel

Rechts siehst du die Netze zweier Würfel.
Der Würfel (1) hat nur die Zahlen 3 und 4, der Würfel (2) die Zahlen 1, 4 und 6.

a) Wie groß ist die Wahrscheinlichkeit, mit Würfel (1) eine Vier zu würfeln? _____

b) Wie groß ist die Wahrscheinlichkeit, mit Würfel (2) eine Augenzahl größer als 3 zu würfeln? _____

c) Mit einem der beiden Würfel wurde 500-mal gewürfelt und dabei 162-mal die Vier erzielt.
Mit welchem der beiden Würfel wurde deiner Meinung nach gewürfelt? Begründe.

_____

_____

20 Regal im Dachgiebel

In der Nische einer Dachschräge soll in 1,00 m Höhe der abgebildete Boden aus Glas angebracht werden. Wie lang muss die Kante $\overline{A_1B_1}$ des Glasbodens sein?

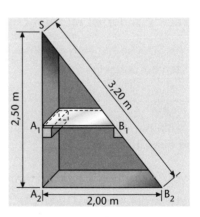

21 Lineare Funktion

Durch welchen Punkt verläuft der Graph einer linearen Funktion $y = m \cdot x + b$, wenn $b = 0$ ist?

_____

_____

22 Keksfabrik

In einer Keksfabrik werden Kekse hergestellt und in verschiedene Schachteln maschinell verpackt. Drei Maschinen verpacken zusammen pro Stunde 2100 Schachteln mit je 0,75 kg. Für einen Auftrag sollen 9450 kg Kekse verpackt werden.

a) Wie lange arbeiten die drei Maschinen für diesen Auftrag? _____

b) Nach einer Stunde fällt eine Maschine aus. Wie lange müssen die beiden übrigen noch arbeiten? Kreuze die Zeitangabe an, die am besten hierzu passt: 6 h □ $6\frac{1}{2}$ h □   7 h □ $7\frac{1}{2}$ h □   8 h □

23 Seitenlänge Quadrat

Wie ändert sich der Flächeninhalt eines Quadrats, wenn man die Seitenlänge verdreifacht? Begründe deine Antwort.

□ Der Flächeninhalt bleibt gleich.   □ Der Flächeninhalt verzwölffacht sich.
□ Der Flächeninhalt verdreifacht sich.   □ Das kann man nicht entscheiden, ohne die
□ Der Flächeninhalt verneunfacht sich.   Seitenlänge zu kennen.

24 Wanderung

Vom Hotel aus brachen das Ehepaar Schmidt und Herr Wolf zeitgleich zu einer 14 km langen Bergwanderung auf. Wanderzeit und zurückgelegte Strecke sind im Diagramm festgehalten.

a) Welche Strecke hat Herr Wolf nach zweieinhalb Stunden zurückgelegt?

_____

b) Das Ehepaar Schmidt legte eine Pause ein. Wie lange dauerte die Pause?

_____

c) Bestimme die höchste Durchschnittsgeschwindigkeit, mit der Ehepaar Schmidt gewandert ist.

_____

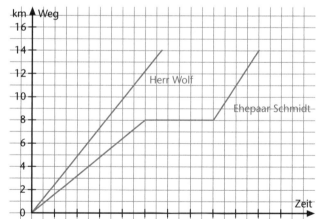

d) Bestimme für Herrn Wolf die Gleichung der Funktion *Zeit x (in Minuten)* → *Weg y (in km)*.   y = _____

25 Tourismusentwicklung

a) Wie viele Touristen reisten in den Jahren 2000 bis 2007 durchschnittlich pro Jahr ins Ausland?

b) Um wie viel Prozent stieg der Reiseverkehr von 2003 auf 2007 an?

c) Die Überschrift über dem Diagramm und das Diagramm selbst vermitteln den Eindruck, dass sich weltweit der grenzüberschreitende Reiseverkehr von 2003 auf 2007 vervielfacht hat. Wodurch wurde dieser Eindruck erreicht?

_____

_____

_____

_____

d) Zeichne rechts ein Säulendiagramm, das die Entwicklung des grenzüberschreitenden Reiseverkehrs realistisch darstellt. Vervollständige zunächst die Skalierung auf der Hochachse.

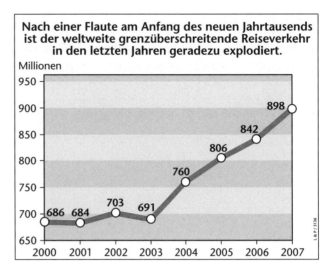

Nach einer Flaute am Anfang des neuen Jahrtausends ist der weltweite grenzüberschreitende Reiseverkehr in den letzten Jahren geradezu explodiert.

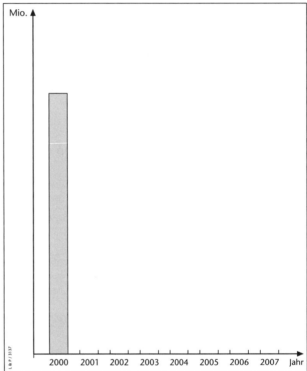

26 Jugend-Triathlon

Jan absolvierte beim Jugend-Triathlon die Schwimmstrecke in 9:45 Minuten. Für die Radrennstrecke benötigte er 19:29 Minuten. Als Jan um 9:43:01 Uhr die Lauf-Ziellinie erreichte, stand er als Sieger fest.

a) Mit welcher Geschwindigkeit fuhr Jan die Radrennstrecke? Kreuze den Wert an, der diese Geschwindigkeit am besten angibt.

15 $\frac{km}{h}$ ☐   25 $\frac{km}{h}$ ☐   35 $\frac{km}{h}$ ☐

20 $\frac{km}{h}$ ☐   30 $\frac{km}{h}$ ☐   40 $\frac{km}{h}$ ☐

b) Wie lange brauchte Jan für den 3-km-Lauf?

Jugend-Triathlon

Schwimmen	300 m	Laufen	3 km
Radfahren	10 km	Start:	9:00 Uhr

27 Konservendosen

Sechs Konservendosen werden von einem Plastik-band umfasst. Jede Dose hat einen Radius von 4 cm.

a) Berechne die Länge des Plastikbandes.

Länge: _____

b) Reicht für Dosen mit doppeltem Radius ein doppelt so langes Plastikband? Begründe deine Antwort.

_____

28 Gläser

Ein Likörglas und ein Rotweinglas werden mit Wasser gefüllt.

a) Wie viele vollständig gefüllte Likörgläser wer-den benötigt, um das Rotweinglas bis zum Rand zu füllen?

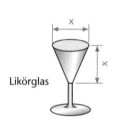

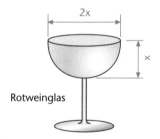

b) Welcher der abgebildeten Graphen zeigt am besten, wie sich die *Höhe h* des Flüssigkeits-spiegels beim gleichmäßigen Befüllen des **Rotweinglases** in Abhängigkeit von der *Zeit t* ändert? Kreuze an.

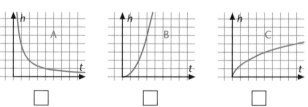

☐   ☐   ☐

29 Zeitungs-(Proz)-Ente

„Fuhr vor einigen Jahren noch jeder zehnte Autofahrer zu schnell, so ist es heute ‚nur noch' jeder fünfte. Doch auch fünf Prozent sind zu viele, und so wird weiterhin kontrolliert, und die Schnellfahrer haben zu zahlen."

Quelle: Norderneyer Badezeitung

Die nebenstehende Meldung ist fehlerhaft. Begründe.

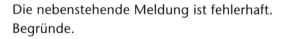

_____

_____

_____

30 Ziffern

Bilde natürliche Zahlen mit den Ziffern 2, 3, 4 und 9. Nutze alle Ziffern genau einmal.

a) Bilde die kleinst- und die größtmögliche Zahl.

kleinste Zahl: _____

größte Zahl: _____

b) Gib alle so gebildeten Zahlen an, die durch 4 teilbar sind.

Alle so gebildeten Zahlen:

_____

31 Elfmeter

Im Finale der Fußballweltmeisterschaft 1990 in Italien zwischen Deutschland und Argentinien schoss Andreas Brehme den entscheidenden Elfmeter flach über dem Rasen knapp am Pfosten vorbei in das argentinische Tor. Deutschland gewann das Spiel mit 1:0 und war zum dritten Mal nach 1954 und 1974 Fußballweltmeister. Welche Strecke legte der Ball von Andreas Brehme dabei bis zur Torlinie ungefähr zurück? (*Beachte:* Ein Fußballtor ist 7,32 m breit und 2,44 m hoch.)

TIPP: Eine Skizze mit den angegebenen Maßen kann dir helfen.

32 Lineare Gleichungssysteme

Die Westendschule veranstaltet einen Sponsorenlauf. Die Sponsoren haben zugesagt, jedem Läufer der kleinen Runde 3 € zu spenden und jedem Läufer der großen Runde 4 €. Insgesamt beteiligten sich 545 Schüler und Schülerinnen an dem Lauf und die Schule konnte 2056 € an eine Partnerschule in Südafrika überweisen.

Berechne, wie viele Schüler die kleine Runde und wie viele Schüler die große Runde liefen.

33 Rahmen

Um das Rechteck wurde ein Rahmen gezeichnet (Maße in cm).

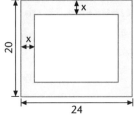

a) Berechne für $x = 3$ cm den Flächeninhalt des Rahmens.

Flächeninhalt: _____

b) Dilan (1), Stephanie (2) und Robin (3) haben Terme zur Berechnung des Flächeninhalts des Rahmens aufgestellt.

(1) $4 \cdot x \cdot (22 - x)$

(2) $x \cdot (44 - 2x) - x \cdot (2x - 44)$

(3) $4x \cdot (12 - \frac{x}{2}) + 4x \cdot (10 - \frac{x}{2})$

Peter behauptet: „Alle drei Terme lassen sich so umformen, dass sie gleich sind." Überprüfe Peters Behauptung.

_____

_____

c) Wie groß muss man x wählen, damit der Rahmen 160 cm² groß ist? $x =$ _____

d) Den Flächeninhalt (y) des inneren Rechtecks beschreibt der Term $480 - (88x - 4x^2)$.
Welcher Graph passt am besten zur Funktionsgleichung $y = 480 - (88x - 4x^2)$? Begründe deine Antwort.

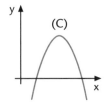

Zur Funktionsgleichung passt der Graph _____.

34 Behälter

Der abgebildete Behälter hat einen Durchmesser von 20 cm und eine Gesamthöhe von 30 cm. Wie viel Liter fasst der abgebildete Behälter, wenn er vollständig gefüllt ist?

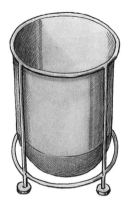

35 Vereinfachen

Nina, Salima und Max sollen den Term (Rechenausdruck) $2x - 4 \cdot (x + 1)$ vereinfachen.

Nina:
$2x - 4 \cdot (x + 1)$
$= 2x - 4x + 4$
$= 4 - 2x$

Salima:
$2x - 4 \cdot (x + 1)$
$= 2x - 4x - 4$
$= -2x - 4$

Max:
$2x - 4 \cdot (x + 1)$
$= 2x - 4x + 1$
$= -2x + 1$

a) Bei wem findest du Fehler? Schreibe auf mit „≠" (ungleich), was falsch ist.

Nina: _____

Salima: _____

Max: _____

b) Schreibe einen Term mit Klammern auf, der vereinfacht so aussieht: $2x - 4$

_____

36 Kapitalanlage

Zur Konfirmation erhält Henrik 1000 € von seinen Großeltern. Er legt das Geld zu 6 % an und will den Betrag so lange unangetastet lassen, bis sich sein Anfangskapital verdoppelt hat.

a) Wie viele Jahre muss Henrik ungefähr warten?

b) In welcher Zeit würde sich bei gleicher Verzinsung ein Kapital von 10 000 € verdoppeln?

37 Zwei Würfel

Es wird gleichzeitig mit einem blauen und einem schwarzen Würfel gewürfelt.
Das Ergebnis (3|5) bedeutet: Mit dem blauen Würfel wurde eine 3 und mit dem schwarzen Würfel eine 5 gewürfelt.

a) Wie viele Ergebnisse sind möglich?

_____

b) Wie groß ist die Wahrscheinlichkeit für das Ergebnis (3|5)?

_____

c) Wie groß ist die Wahrscheinlichkeit, einen Pasch, d. h. zwei gleiche Zahlen, zu würfeln?

_____

38 Die Welt als Dorf

Die unten stehende Grafik vergleicht die Entwicklung der Bevölkerung auf der Welt mit einem Dorf.

Die Welt als Dorf
2005

Stellt man sich die Weltbevölkerung des Jahres 2005 (über 6 Milliarden Menschen) als Dorf mit 100 Einwohnern vor, dann ...

...lebten dort: 61 Asiaten
14 Afrikaner
11 Europäer
9 Lateinamerikaner
und
5 Nordamerikaner.

L & P / 3161

Zukunft 2050

Im Jahr 2050 würden bereits 141 Menschen im Dorf leben.

Davon wären: 81 Asiaten
31 Afrikaner
10 Europäer
12 Lateinamerikaner
und
7 Nordamerikaner.

a) Wie groß war 2005 der prozentuale Anteil der Lateinamerikaner an der Gesamtbevölkerung des 100-Einwohner-Dorfes?

_____

b) „Auf allen Kontinenten nimmt die Zahl der Dorfbewohner bis zum Jahr 2050 zu". Stimmt das?

_____

c) Laut Angaben der UN-Statistik vermehrt sich die Menschheit zurzeit um 1,2 % pro Jahr. Nach wie vielen Jahren hätte sich nach diesem Wachstumsmodell die Bevölkerung des Weltdorfes von 100 auf 200 Bewohner verdoppelt?

_____

39 Texte und Gleichungen

a) Schreibe für das Zahlenrätsel eine Gleichung auf
und löse sie: „Subtrahiere von der Hälfte einer
Zahl ein Drittel der Zahl, dann erhältst du 4."

Gleichung: _____

Lösung: _____

b) Erfinde ein Zahlenrätsel zur Gleichung
7x − 48 = 2x. Löse auch die Gleichung.

Text: _____

_____

Lösung: _____

40 Brückenkonstruktion

Über den Fluss soll eine Brücke von A nach B führen.
Vermesser haben am unteren Flussufer eine 400 m
lange Strecke $\overline{AC}$ abgesteckt und dann folgende
Messungen vorgenommen:
∢ CAB = 67,8° und ∢ BCA = 49,3°
Bestimme die Länge der Brücke durch maßstäb-
liche Zeichnung **und** durch Berechnung.

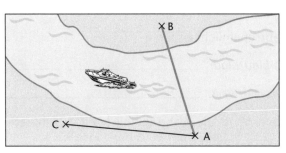

41 Fläche Hessen

Der Kartenausschnitt zeigt das Bundesland Hessen. Schätze die Fläche von Hessen. Benutze den
Maßstab der Karte. Begründe dein Vorgehen.

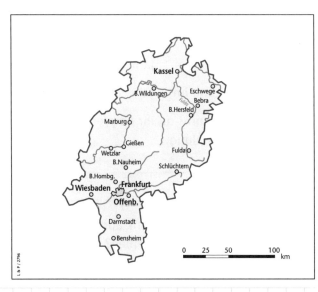

19

42 Gleichung

Alex und Bea sollen die Gleichung
$(x - 2) \cdot (x + 1,5) = 0$ lösen.
Alex meint: „Ich löse zuerst die Klammern auf,
dann löse ich die quadratische Gleichung."
Bea sagt: „Eine Lösung ist 2 und die andere sehe
ich auch sofort." Schreibe deinen Rechenweg auf.

43 Glücksrad

Auf einem Schulfest kann man am Stand der Klasse 10a für einen Einsatz von
1 € zweimal das abgebildete Glücksrad drehen. Bleibt es jedes Mal auf der
gleichen Farbe stehen, gewinnt man, und zwar bei *blau/blau* einen Trostpreis im Wert von 0,30 € und bei *weiß/weiß* einen Sachpreis von 8 €.

a) Zeichne ein Baumdiagramm und bestimme damit die Wahrscheinlichkeiten für die möglichen Gewinne.

Wahrscheinlichkeit für

(1) *blau/blau:* _____

(2) *weiß/weiß:* _____

b) Wie groß ist die Wahrscheinlichkeit, bei diesem
Spiel zu verlieren?

_____

c) Es werden 400 Spiele durchgeführt. Mit welchem Gewinn kann die Klasse rechnen?

_____

44 Angebote

Frau Kurt kann für zwei Jahre einen Lottogewinn von 1 000 000,– € sparen. Sie hat drei Angebote:

(A) Die A-Bank zahlt im 1. Jahr 4 % Zinsen und im 2. Jahr 6 %.

(B) Die B-Bank zahlt im 1. Jahr 3 % Zinsen und im 2. Jahr 7 %.

(C) Die C-Bank zahlt im 1. Jahr 5 % Zinsen und im 2. Jahr auch 5 %.

a) Welche Bank kannst du ihr empfehlen? Begründe deine Empfehlung.

_____

_____

b) Würdest du die gleiche Bank auch für jeden
anderen Sparbetrag empfehlen? Begründe!

_____

_____

45 Riesenmammutbäume

Riesenmammutbäume sind eine der großen Attraktionen der Nationalparks in den USA und in Südafrika. Sie können sehr alt werden und so breit, dass sogar Autos hindurchfahren können. Die Angaben im Bild gehören zu einem solchen Mammutbaum.

a) Kann man auch in diesen Baum eine Durchfahrt schneiden, durch die ein Auto hindurchpasst? Begründe deine Antwort.

_____

_____

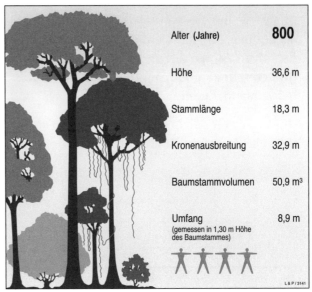

Alter (Jahre)	**800**
Höhe	36,6 m
Stammlänge	18,3 m
Kronenausbreitung	32,9 m
Baumstammvolumen	50,9 m³
Umfang (gemessen in 1,30 m Höhe des Baumstammes)	8,9 m

L & P / 3141

b) Welchen Umfang hat ein Zylinder von 18,3 m Höhe, dessen Volumen genau so groß ist wie das des Baumstamms?

_____

c) Wie groß ist ein Würfel, der das gleiche Volumen hat wie der Baumstamm?

_____

46 Kajak

Der Club der Wassersportfreunde vermietet 2er-Kajaks zu folgenden Tarifen:

eine Stunde	3 €
jede weitere angefangene Stunde	1 €
Tagespreis	8 €

Ab 5 Stunden gilt der Tagespreis!

Stelle die Zuordnung *Zeit (in h)* → *Kosten (in €)* im Koordinatensystem dar!

€ ▲ Kosten

Zeit
h

47 Giraffenbaby

Helena (2 Jahre, 90 cm) besucht mit einem größeren Freund den Kölner Zoo. Vor dem Giraffengehege erfahren beide, wie groß ein erwartetes Giraffenbaby etwa sein wird.

a) Wie groß ist etwa Helenas Freund?

_____

b) Schätze die Größe eines Giraffenbabys. _____

c) Wie groß wird eine ausgewachsene Giraffe, die ähnlich wie Helena wächst? _____

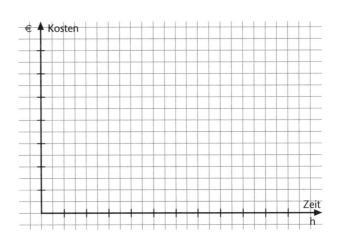

So groß ist eine neugeborene Giraffe.

1 Ordnen

Ordne der Größe nach, beginne mit der kleinsten Zahl.

$0,5 \quad -0,7 \quad 0,6 \quad 1\frac{3}{5} \quad \frac{3}{4} \quad -\frac{1}{2}$

Zunächst sind alle negativen Zahlen kleiner als positive Zahlen. Allerdings ist von zwei negativen Zahlen diejenige kleiner, die den größeren Betrag hat. Sie steht weiter links auf der Zahlengeraden.

Um besser vergleichen zu können, wandelt man alle Zahlen in Dezimalbrüche um.

$1\frac{3}{5} = 8 : 5 = 1,6 \qquad \frac{3}{4} = 3 : 4 = 0,75$

$-\frac{1}{2} = -0,5 \qquad \boxed{-0,7} < \boxed{-\frac{1}{2}} < \boxed{0,5} < \boxed{0,6} < \boxed{\frac{3}{4}} < \boxed{1\frac{3}{5}}$

An der Zahlengeraden:

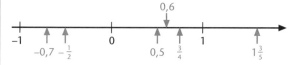

 2 Flächeninhalt und Umfang eines Rechtecks

Ein Rechteck ist 8 cm lang und 6 cm breit.
a) Wie groß ist sein Flächeninhalt? Kreuze an.

☐ 14 cm ☐ 14 cm² ☐ 28 cm
☐ 48 cm ☐ 48 cm² ☐ 56 cm²

b) Wie groß ist sein Umfang?

Zu a)
Für den Flächeninhalt A eines Rechtecks gilt:

$A = a \cdot b$ (Länge · Breite)
$A = 8 \text{ cm} \cdot 6 \text{ cm}$
$A = 48 \text{ cm}^2$

Das Kreuz bei Aufgabe a) gehört in das Feld 48 cm². Flächeninhalte können nie in der Einheit „cm" angegeben werden. Deshalb kamen nur drei Felder überhaupt in Frage.

Zu b)
Der Umfang u eines Rechtecks berechnet sich wie bei allen anderen Vielecken:

$u = $ Summe aller Seitenlängen
$u = 8 \text{ cm} + 6 \text{ cm} + 8 \text{ cm} + 6 \text{ cm}$
$u = 28 \text{ cm}$

Hinweis: Umfänge können nie in der Einheit cm² angegeben werden!

1 Ordne der Größe nach, beginne mit der kleinsten Zahl.

a) $0,4 \quad \frac{3}{6} \quad 0,38 \quad \frac{1}{4} \quad \frac{3}{8} \quad 0,44$

b) $-1\frac{1}{2} \quad -\frac{7}{5} \quad -\frac{3}{4} \quad -0,8 \quad -\frac{11}{8} \quad -1,3$

c) $0,7 \quad -\frac{3}{4} \quad -1,34 \quad \frac{4}{5} \quad -\frac{4}{3} \quad \frac{17}{20}$

2 Zeichne auf einem DIN A4-Blatt eine Zahlengerade von -2 bis $+1$; eine Einheit ist 12 Kästchen lang. Trage auf dieser Zahlengerade die Zahlen der Teilaufgabe 1 c) ein.

3 a) $8 \cdot 0,7 = $ _____ c) $245 - $ _____ $= 17$

b) $0,64 \cdot$ _____ $= 640$ d) _____ $\cdot 0,75 = 17,25$

4 a) Kinga und Kai haben versucht, 75 % darzustellen. Welche Darstellung ist falsch, welche richtig?

Kinga: *Kai:*

b) Stelle $\frac{5}{8}$ auf zwei Arten dar.

5 Ein Baugrundstück ist rechteckig und hat die Maße 32 m x 24 m.

a) Wie viel m² hat das Baugrundstück?

b) Wie teuer ist das Grundstück, wenn es pro Quadratmeter 75 € kostet?

6 Abgebildet ist ein Kinderspielplatz, der komplett bis zu einer Höhe von 2 m eingezäunt werden soll. An drei Stellen im Zaun sind ein Meter breite Türen eingelassen.

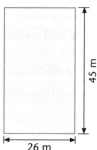

a) Wie viel Meter Zaun werden benötigt?

b) Wie viel Quadratmeter ist die Fläche des Zaunes groß?

7 Wie groß ist die abgebildete Fläche und welchen Umfang hat sie?

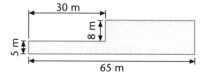

1 a)    *Nebenrechnungen:*

b)

c)

2

3 a) $8 \cdot 0{,}7$ = _____   *Nebenrechnungen:*

b) $0{,}64 \cdot$ _____ $= 640$

c) $245 -$ _____ $= 17$

d) _____ $\cdot 0{,}75 = 17{,}25$

4 a) *Antwortsatz:* _____

_____

_____

b) Darstellung von $\frac{5}{8}$ auf zwei Arten.

5 a) *Antwortsatz:* _____

_____

b) *Antwortsatz:* _____

_____

6 a) *Antwortsatz:* _____

_____

b) *Antwortsatz:* _____

_____

7 Größe der Fläche: _____

    Umfang der Fläche: _____

3 Biomasse vor Solarenergie

Im Jahr 2006 betrug der Gesamtumsatz mit erneuerbaren Energien ca. 20 Mrd. Euro. Davon entfielen ein Viertel auf Windkraft, ein Drittel auf Biomasse und 32 % auf Solarenergie. Der Rest verteilte sich im Wesentlichen auf Wasserkraft und Geothermie.

a) Stimmt die Überschrift der Aufgabe? Begründe.
b) Wie groß war der Umsatz bei der Solarenergie?
c) Wie viel Prozent entfallen auf die sonstigen erneuerbaren Energien?
d) Stelle die Anteile in einem Kreisdiagramm dar.

Zu a)

Auf Biomasse entfällt ein Drittel; $\frac{1}{3} = 33,\overline{3}\,\%$

33,3 % > 32 %, also **stimmt die Überschrift.**

Zu b)

32 % von 20 Mrd. €

= 32 % von 20 000 000 000 €

= **6 400 000 000 €** (6,4 Mrd. €)

Zu c)

Windkraft: $\frac{1}{4} = 25\,\%$

Biomasse: $\frac{1}{3} = 33,3\,\%$

Solarenergie: 32 %
Sonstige erneuerbare Energien:
100 % − 25 % − 33,3 % − 32 % = **9,7 %**

Zu d)

Die Prozentangaben müssen noch in Winkelgrößen umgerechnet werden:
100 % ≙ 360° bzw. 1 % ≙ 3,6°
Wir erhalten somit:
25 % ≙ 90°
33,3 % ≙ 120°
32 % ≙ 115,2°
9,7 % ≙ 34,8°

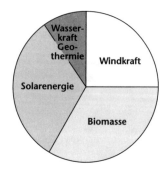

1 In einer Berufsschule für Bank- und Versicherungskaufleute werden insgesamt 450 Auszubildende unterrichtet. Von ihnen hat ein Zehntel den Hauptschulabschluss und ein Drittel einen Realschulabschluss. Die restlichen Auszubildenden sind Abiturientinnen und Abiturenten.

a) Bestimme die Anzahl der Azubis mit Hauptschulabschluss, Realschulabschluss oder Abitur.

b) Gib die Anteile in Prozent an und stelle sie in einem Kreisdiagramm dar.

2 Die Leibniz-Schule hat eine Aufstellung über die Nationalitäten ihrer Schülerinnen und Schüler gemacht.

deutsche Nationalität:	261
türkische Nationalität:	108
andere Nationalität:	81

Berechne die Anteile in Prozent und stelle sie in einem Kreisdiagramm dar.

3 Die Parteien A, B, C und D haben sich an derselben Wahl beteiligt.
Dargestellt sind die Anteile in ganzzahligen Prozentangaben.

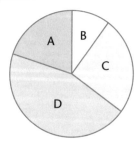

a) Wie viel Prozent der Stimmen haben die vier Parteien jeweils erhalten?

b) Es sind insgesamt 95 450 gültige Stimmen abgegeben worden. Wie viele Stimmen sind auf die einzelnen Parteien entfallen?

4

Personen unter 18 Jahren:	64
Personen 18 bis 60 Jahre:	248
Personen über 60 Jahre:	488

Abgebildet ist die Altersverteilung auf einem Kreuzfahrtschiff. Stelle sie in einem Kreisdiagramm dar.

1

	a) Anzahl	b) Prozent
Azubis mit HS-Abschluss		
Azubis mit RS-Abschluss		
Azubis mit Abitur		

Nebenrechnungen:

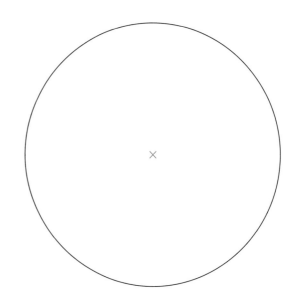

2 Anteil in Prozent:

deutsche Nationalität: _____

türkische Nationalität: _____

andere Nationalität: _____

Nebenrechnungen:

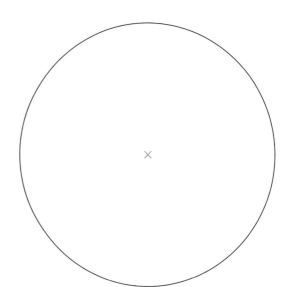

3

	a) Prozent	b) Stimmen
A-Partei		
B-Partei		
C-Partei		
D-Partei		

4

unter 18 Jahren	
18 bis 60 Jahre	
über 60 Jahre	

Nebenrechnungen:

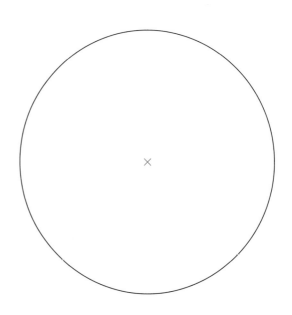

4 Zuordnungen

In welchen Beispielen erkennst du proportionale (p) oder antiproportionale (a) Zuordnungen? Wo liegt keines von beiden (k) vor? Trage in die rechte Spalte jeweils p, a oder k ein.

1	Preis für 1 kg Äpfel → Preis für 3 kg Äpfel	
2	Anzahl von Fotos auf jeder Albumseite → Seitenanzahl eines Albums mit 100 Fotos	
3	Fläche eines Bundeslandes → Einwohnerzahl des Bundeslandes	
4	Entfernung zweier Orte auf der Landkarte → Entfernung (Luftlinie) der Orte in Wirklichkeit	
5	Körpergröße eines Menschen → Körpergewicht des Menschen	

(1) Verdreifacht sich die gekaufte Menge an Äpfeln, verdreifacht sich deren Preis: Die Zuordnung ist **proportional.**

(2) Klebt man 4 statt 2 Fotos auf eine Seite, benötigt man für 100 Fotos statt 50 nur 25 Seiten. Die Zuordnung ist **antiproportional.**

(3) Ist die Fläche eines Landes A doppelt so groß wie die eines Landes B, so muss die Einwohnerzahl von A nicht doppelt und auch nicht halb so groß wie die von B sein. Es liegt **keines von beiden** vor.

(4) Der doppelten Entfernung auf der Karte entspricht die doppelte Entfernung in Wirklichkeit. Die Zuordnung ist **proportional.**

(5) Es gibt große und kleine Menschen, die über 100 kg wiegen. Es liegt **keines von beiden** vor.

 5 Überschlagen

Von 39,5 kg Tomaten sind ca. 1900 g verdorben. Welcher Anteil Tomaten ist das? Kreuze zwei Angaben an, die dazu recht gut passen:

(1) ein Zehntel ☐   (5) 30 % ☐
(2) die Hälfte ☐   (6) 20 % ☐
(3) ein Zwanzigstel ☐   (7) 10 % ☐
(4) ein Drittel ☐   (8) 5 % ☐

Wir rechnen mit gerundeten Zahlen in gleichen Einheiten. *Zwei Rechenwege:*

① 39,5 kg sind 39 500 g. Also:

$$\frac{1900\text{ g}}{39\,500\text{ g}} \approx \frac{2000\text{ g}}{40\,000\text{ g}} = \frac{2}{40} = \frac{1}{20} = \frac{5}{100} = 5\,\%$$

② 1900 g = 1,9 kg. Also:

$$\frac{1,9\text{ kg}}{39,5\text{ kg}} \approx \frac{2\text{ kg}}{40\text{ kg}} = \frac{1}{20} = \frac{5}{100} = 5\,\%.$$

Die passenden Angaben sind also **(3)** und **(8)**.

---

1 Vervollständige die Wertetabellen zur proportionalen Zuordnung.

a)
x	1,5	3
y	4,5	

b)
x	1	
y	5	15

2 Vervollständige die Wertetabellen zur antiproportionalen Zuordnung.

a)
x	7	0,5
y	3,5	

b)
x	12	
y	5	6

3 Welche Zuordnung liegt vor?

1	Tankfüllung in Liter → Preis in €
2	Masse eines Apfels → Anzahl von Äpfeln in einem 5-kg-Netz
3	Lebensalter eines Menschen → Schuhgröße des Menschen
4	Größe eines Feldes auf einem Schachbrett → Größe des Schachbrettes mit 64 Feldern
5	Anzahl von Staffelläufern im 10-km-Rennen → Länge der Teilstrecke, die ein Läufer laufen muss

4 Eine Großbäckerei stellt täglich 1,9 t Zwieback her. Etwa 490 kg der Tagesproduktion werden ins Ausland exportiert. Welcher Anteil der Tagesproduktion ist dies ungefähr?

☐ 2,5 %   ☐ 25 %   ☐ ein Viertel
☐ 30 %   ☐ ein Achtel   ☐ ein Zwanzigstel

5 Welche Ausdrücke sind gleichwertig? Bilde Paare.

ein Hundertstel • 5 von 10 • das 2fache • 1 % • die Hälfte • jeder Vierte • 25 % • das Doppelte

6 Schätze ab, wie viele Stunden du ungefähr seit deiner Geburt geschlafen hast.

☐ 700   ☐ 70 000   ☐ 700 000   ☐ 7000

7 Ordne durch Überschlagsrechnung das richtige Ergebnis (4,9; 3,1; 24,3; 0,38) zu.

$(4,4 + 3,7) \cdot 3$ $0,95 \cdot 0,4$ $\frac{245}{50}$ $89,9 : 29$

1 a)

x	1,5	3
y	4,5	

b)

x	1	
y	5	15

2 a)

x	7	0,5
y	3,5	

b)

x	12	
y	5	6

3 Welche Zuordnung liegt vor?

Nummer	Art der Zuordnung
1	
2	
3	
4	
5	

4 Ungefährer Anteil der Tagesproduktion:

_____

_____

5 _____ = _____

_____ = _____

_____ = _____

_____ = _____

6 Schätzergebnis:

_____

7 $(4,4 + 3,7) \cdot 3 =$ _____

$0,95 \cdot 0,4 =$ _____

$\dfrac{245}{50} =$ _____

$89,9 : 29 =$ _____

Nebenrechnungen:

27

6 Funktionsgleichung

Arbeite mit der Gleichung $y = 27 - 3 \cdot (x - 6)^2$.
a) Welchen Wert hat y für x = 5?
b) Für welche x-Werte wird y = 0?

zu a)
Für x = 5 lautet die Gleichung:
$y = 27 - 3 \cdot (5 - 6)^2$
$y = 27 - 3 \cdot (-1)^2$
$y = 27 - 3$, also **y = 24**
Für x = 5 hat y also den Wert **24**.

zu b)
Hier setzt man für y den Wert 0 ein und kommt durch Umformungen zu x.

$$27 - 3 \cdot (x - 6)^2 = 0 \qquad |-27$$
$$-3(x - 6)^2 = -27 \qquad | : (-3)$$
$$(x - 6)^2 = 9, \text{ also}$$
$$x - 6 = 3 \quad \text{oder} \quad x - 6 = -3$$
$$x = 9 \quad \text{oder} \quad x = 3$$

Die gesuchten x-Werte lauten **3** und **9**.

 7 Graphen und Gleichungen

Ordne den Graphen (f_1, f_2, ...) die zugehörigen Funktionsgleichungen zu.

$y = -x - 1$
$y = 0{,}5x^2$
$y = x^2$
$y = 2x^2$
$y = x - 1$
$y = 2x - 1$

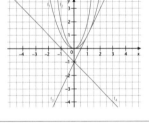

Im Koordinatensystem sind Parabeln (f_1, f_2) und Geraden (f_3, f_4) abgebildet.

Zu einer Parabel gehört eine der drei Funktionsgleichungen mit x^2. Nun wählt man einen Punkt (x|y) einer Parabel aus und prüft, welche dieser Gleichungen durch die Koordinaten des Punkts erfüllt wird.
Der Punkt (–1|1) von f_1 erfüllt die Gleichung $y = x^2$; der Punkt (1|2) von f_2 die Gleichung $y = 2x^2$.

Zu Geraden gehören Funktionsgleichungen mit der allgemeinen Form $y = m \cdot x + b$.
f_3 weist die Steigung 2 auf, dies trifft nur auf die Funktionsgleichung **y = 2x – 1** zu.
f_4 weist eine negative Steigung auf, also muss m < 0 sein. Dies trifft nur auf **y = –x – 1** zu.

1 Ergänze die Wertetabelle für $y = 4 \cdot (x - 3)$.

x	–1	0	1		
y				4	0

2 Für welche x-Werte wird y = 0?

a) $y = x + 1$ d) $y = (x - 3)(x + 3)$

b) $y = 2x$ e) $y = (x + 1)(x + 1)$

c) $y = x(x - 1)$ f) $y = (x - 4)^2$

3 Löse die Gleichung.

a) $(x + 1)^2 = 36$ c) $x^2 - 10x + 25 = 0$

b) $8 + (x - 3)^2 = 57$ d) $x^2 - 4x + 4 = 0$

4 Arbeite mit der Gleichung $y = -2 \cdot (x - 1)^2 + 8$.

a) Welchen Wert hat y für x = –2?

b) Für welchen x-Wert wird y = 0?

5 Die Punkte P(6|0), Q(0|–3) und R(–2|–4) gehören zum Graphen einer linearen Funktion $y = m \cdot x + b$.

a) Zeichne den Graphen der Funktion.

b) Gib die zugehörige Funktionsgleichung an.

6

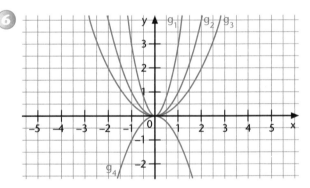

a) Ordne jedem Graph (g_1, g_2, ...) die passende Funktionsgleichung zu.

$y = -1 \; x^2$
$y = 0{,}5 \; x^2$
$y = 1 \; x^2$
$y = 3 \; x^2$

b) Was kannst du über den Verlauf des Graphen einer quadratischen Funktion der Form $y = a \cdot x^2$ aussagen, wenn du weißt, dass a < 0 ist?

1

x	−1	0	1		
y				4	0

Nebenrechnungen:

2 a) x = _____

b) x = _____

c) x = _____

d) x = _____

e) x = _____

f) x = _____

3 a) Lösung: _____

b) Lösung: _____

c) Lösung: _____

d) Lösung: _____

4 a) y = _____

b) x = _____

5 a)

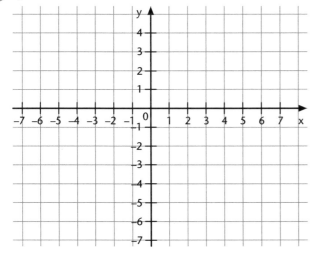

b) Funktionsgleichung:

_____

6 a)

Funktionsgleichung	Gerade
$y = -1x^2$	
$y = 0{,}5x^2$	
$y = 1x^2$	
$y = 3x^2$	

b) *Antwortsatz:* _____

_____

_____

_____

_____

_____

 **8 MP3-Player**

Die Redakteure einer Verbraucherzeitschrift haben den Preis für einen bestimmten MP3-Player in fünf verschiedenen Geschäften erfragt. Unten siehst du das Ergebnis.

109,90 €	99,95 €	159,00 €
111,10 €	116,50 €	

a) Gib Median (Zentralwert), Spannweite und arithmetisches Mittel der Stichprobe an.
b) Wie hoch hätte der Preis des teuersten MP3-Players nur sein dürfen, damit Median und arithmetisches Mittel übereinstimmen?

Zu a)
Der Median einer Stichprobe ist der Wert, der in der Mitte der geordneten Daten steht.
Bei einer geraden Anzahl von Daten ist der Median das arithmetische Mittel der beiden Daten links und rechts von der Mitte.

Daten nach Größe geordnet:
99,95 €; 109,90 €; 111,10 €; 116,50 €; 159,00 €

Median: 111,10 €

Die Spannweite ist die Differenz zwischen dem größten und dem kleinsten Wert der Stichprobe.

Spannweite:
159,00 € – 99,95 € = **59,05 €**

Arithmetisches Mittel:
(109,90 € + 99,95 € + 159,00 € + 111,10 € + 116,50 €) : 5
= **119,29 €**

Zu b)
Median ist und bleibt der Betrag 111,10 €.
Damit dieser Betrag auch das arithmetische Mittel ist, müssen alle Preise zusammen 111,10 € · 5, also **555,50 €** ergeben.

Subtrahiert man davon die ersten Preise, erhält man die Antwort auf die Teilaufgabe b).

99,95 € + 109,90 € + 111,10 € + 116,50 €
= 437,45 €

555,50 € – 437,45 €
= **118,05 €**

---

1 Gib jeweils den Median (Zentralwert), das arithmetische Mittel und die Spannweite der Stichprobe an.

a) 84,30 €; 65,80 €; 111,40 €; 99,70 €; 107,20 €

b) 4,50 m; 4,20 m; 5,10 m; 4,80 m; 5,30 m; 4,60 m

2 In einem Fahrstuhl befinden sich 12 Personen mit den auf dem Zettel angegebenen Gewichten*.

78,5 kg	96 kg	81,4 kg	54,5 kg
67,5 kg	93,4 kg	72,2 kg	56,8 kg
98,6 kg	78,2 kg	73,8 kg	84,3 kg

a) Bei der Angabe „max. 12 Personen" wurde davon ausgegangen, dass eine Person durchschnittlich 80 kg wiegt.
Liegt das vor?

b) Wie groß ist die Spannweite der Gewichte* in der Tabelle?

c) Bestimme den Median der Werte in der Tabelle und bestimme den Unterschied zum arithmetischen Mittel.

3 Sabine hat mit 7 Sprüngen für den Weitsprung-Wettbewerb trainiert. Hier sind die Weiten der ersten 5 Sprünge:

4,20 m   4,65 m   3,95 m   4,10 m   4,45 m

Der 6. Sprung war zugleich Sabines schlechteste Weite. Nach dem 7. Sprung stellt Sabine fest:
(1) Die Weitsprungdaten haben eine Spannweite von 90 cm.
(2) Das arithmetische Mittel der Sprungweiten ist 4,20 m.

a) Wie weit ist Sabine im 6. Versuch gesprungen?

b) Wie weit ist Sabine im 7. Versuch gesprungen?

c) Gib den Median der Weitsprungdaten an.

*„Gewicht" ist der umgangssprachliche Begriff. Korrekt müsste es „Masse" heißen.

1 a) Median (Zentralwert): _____

   arithmetisches Mittel: _____

   Spannweite: _____

   b) Median (Zentralwert): _____

   arithmetisches Mittel: _____

   Spannweite: _____

Nebenrechnungen:

2 a) *Antwortsatz:* _____

   _____

   _____

   b) *Antwortsatz:* _____

   _____

   _____

   c) Median: _____

   Unterschied zum arithmetischen Mittel:

   _____

3 a) *Antwortsatz:* _____

   _____

   _____

   b) *Antwortsatz:* _____

   _____

   _____

   c) Median aller sieben Weitsprungdaten:

   _____

9 Vergleichen

Setze ein: <, = oder >.

a) $\sqrt{100\pi}$ ☐ 31

b) $(12 + 67)^2$ ☐ $12^2 + 67^2$

c) $1,5 \cdot 10^4 \cdot 4 \cdot 10^3$ ☐ $6 \cdot 10^7$

d) $250 \cdot 4$ Mio. ☐ 10^{10}

Zu a)

$\sqrt{100\pi} \approx \sqrt{314} \approx 17,7$ also $\sqrt{100\pi} < 31$

Zu b)

$(12 + 67)^2 = 12^2 + 2 \cdot 12 \cdot 67 + 67^2$

(binomische Formel)

$(12 + 67)^2 > 12^2 + 67^2$

mit Taschenrechner:

$(12 + 67)^2 = 79^2 = 6241 > 4633 (= 12^2 + 67^2)$

Zu c)

$1,5 \cdot 10^4 \cdot 4 \cdot 10^3 = 1,5 \cdot 4 \cdot 10^4 \cdot 10^3 = 6 \cdot 10^7$

Zu d)

$250 \cdot 4$ Mio. $= 1000$ Mio. $= 10^3 \cdot 10^6 = 10^9$,

also $250 \cdot 4$ Mio. $< 10^{10}$

 10 Dreieck im Koordinatensystem

a) Zeichne das Dreieck A(2|3), B(6|3) und C(5|6) in das gegebene Koordinatensystem.

b) Welchen Flächeninhalt hat das Dreieck?

c) Spiegele das Dreieck am Punkt B.

Zu a) und c)

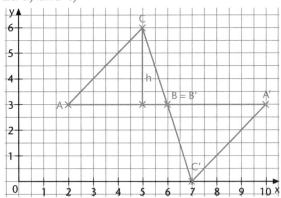

Zu b)

Flächeninhalt eines Dreiecks: $A = \frac{g \cdot h}{2}$

g ist die Länge der Strecke $\overline{AB}$: **4 cm**; h = **3 cm**

$A = \frac{4 \text{ cm} \cdot 3 \text{ cm}}{2} = $ **6 cm²**

1 Setze <, = oder > ein.

a) $-4 \cdot 6$ ☐ $-6 \cdot 4$ e) $10^4 \cdot 10^7$ ☐ 10^{28}

b) $3 - 5$ ☐ $3^2 + 5^2$ f) $8 \cdot 10^5 \cdot 125$ ☐ 10^8

c) $\sqrt{100 \cdot 8,6}$ ☐ 86   g) $\sqrt{1} + \sqrt{1}$ ☐ $\sqrt{2}$

d) $\sqrt{9 + 4}$ ☐ $\sqrt{9} + \sqrt{4}$ h) $\frac{100^2}{25^2}$ ☐ $\left(\frac{100}{25}\right)^2$

2 Begründe ohne Taschenrechner.

a) $\sqrt{10\,000 \cdot \pi} < 100 \cdot \pi$

b) $(7 + 11)^2 > 7^2 + 11^2$

3 Übertrage das Dreieck ABC mit A(1|6), B(1|1) und C(7|3) in ein Koordinatensystem in deinem Heft mit der Einheit 1 cm und dem Nullpunkt etwa in der Mitte.

a) Welchen Flächeninhalt hat das Dreieck?

b) Spiegele das Dreieck an der Geraden durch die Punkte A und B.
Welche Koordinaten hat der Bildpunkt C'?

c) Wie nennt man das Viereck AC'BC und welchen Flächeninhalt hat es?

d) Spiegele das Dreieck ABC am Punkt B und schreibe die Koordinaten der Bildpunkte A″ und C″ auf.

4 Trage die Punkte A(−5|1), B(7|1) und C(7|7) in ein Koordinatensystem (Einheit 1 cm) ein, verbinde sie zu einem Dreieck und markiere den Mittelpunkt M der Seite $\overline{AC}$.

a) Welchen Umfang hat das Dreieck?

b) Welche Koordinaten hat der Punkt M?

c) Spiegele das Dreieck ABC am Punkt M. Welche Figur bilden das Originaldreieck ABC und das Bilddreieck A'B'C' zusammen und welchen Flächeninhalt hat sie?

5 Das Dreieck ABC hat einen Flächeninhalt von 14 cm² und ist in ein Koordinatensystem mit der Einheit 1 cm eingezeichnet.
Die Punkte A(3|3) und B(3|−4) sind bekannt; von C weiß man, dass dieser Punkt 2 cm von der x-Achse entfernt ist.
Welche vier Punkte des Koordinatensystems kommen für C in Frage?

1 Setze <, = oder > ein.

a)

b)

c)

d)

e)

f)

g)

h)

Nebenrechnungen:

2 a) *Begründung:* _____

_____

b) *Begründung:* _____

_____

3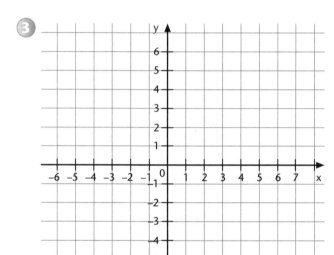

a) Flächeninhalt $A_\triangle$ = _____

(Achtung: 1 Karolänge $\triangleq$ 1 cm)

c) Flächeninhalt $A_\square$ = _____

d) A″ (|), C″ (|)

Nebenrechnungen:

4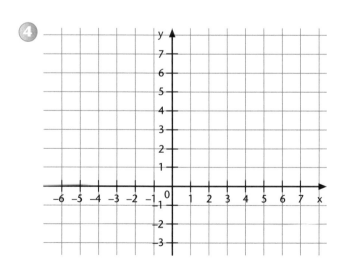

a) Umfang $u_\triangle$ = _____

b) M (|)

c) Figur: _____ ; A = _____

Skizze zu Aufgabe ⑤:

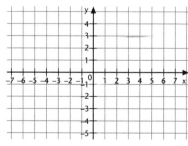

5 ① C (|) ② C (|) ③ C (|) ④ C (|)

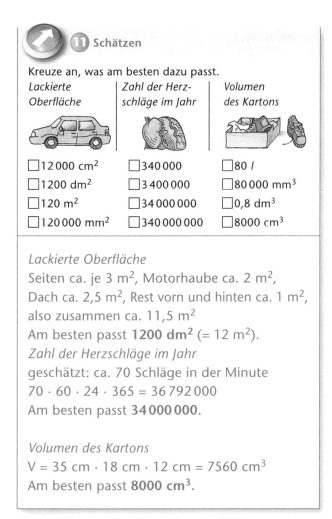

⑪ Schätzen

Kreuze an, was am besten dazu passt.

Lackierte Oberfläche	Zahl der Herz-schläge im Jahr	Volumen des Kartons
☐ 12 000 cm²	☐ 340 000	☐ 80 l
☐ 1200 dm²	☐ 3 400 000	☐ 80 000 mm³
☐ 120 m²	☐ 34 000 000	☐ 0,8 dm³
☐ 120 000 mm²	☐ 340 000 000	☐ 8000 cm³

Lackierte Oberfläche
Seiten ca. je 3 m², Motorhaube ca. 2 m²,
Dach ca. 2,5 m², Rest vorn und hinten ca. 1 m²,
also zusammen ca. 11,5 m²
Am besten passt **1200 dm²** (= 12 m²).
Zahl der Herzschläge im Jahr
geschätzt: ca. 70 Schläge in der Minute
70 · 60 · 24 · 365 = 36 792 000
Am besten passt **34 000 000**.

Volumen des Kartons
V = 35 cm · 18 cm · 12 cm = 7560 cm³
Am besten passt **8000 cm³**.

⑫ Schwimmbecken

Ein quaderförmiges Schwimmbecken (6 m breit, 5 m lang, 2 m tief) ist bis zum Rand mit Wasser gefüllt.
a) Wie viel m³ Wasser fasst dieses Schwimmbecken?
b) Zeichne ein Schrägbild in einem geeigneten Maßstab.

a) Das Schwimmbecken ist ein Quader. Bei der Frage nach dem Fassungsvermögen wird das Volumen (der Rauminhalt) gesucht.

Für Quader gilt die Volumenformel:
V = a · b · c   (Länge · Breite · Höhe)

oder auch

V = G · h   (Grundfläche · Höhe)
V = 6 m · 5 m · 2 m
V = 60 m³ (= 60 000 Liter)

b)

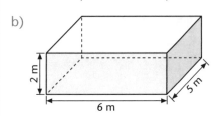

① Wie groß ist die Fläche eines 20-€-Scheines?

☐ 957 cm² ☐ 957 mm²

☐ 95,7 dm² ☐ 9570 mm²

② Wie groß ist etwa das Fell eines ausgewachsenen Eisbären?

☐ 48 000 cm² ☐ 0,48 m²

☐ 480 000 mm² ☐ 4800 dm²

③ Wie viele Sekunden hat etwa eine Realschülerin vom ersten Schultag bis zum Ende ihrer Schulzeit in der Schule verbracht?

☐ 3 600 000 s ☐ 360 000 000 s

☐ 36 000 000 s ☐ 3 600 000 000 s

④ Wie viel Flüssigkeit passt etwa in den Innenraum eines mittelgroßen Pkw?

☐ 30 hl ☐ 300 000 ml

☐ 0,3 m³ ☐ 30 000 l

⑤ Berechne das Volumen des abgebildeten Quaders.

2 m, 4,5 m, 5 m

⑥ Eine Baugrube ist 4 m lang, 2,50 m breit und 1,80 m tief.

a) Wie viel Kubikmeter Erde mussten ausgehoben werden?

b) Zeichne ein Schrägbild in einem geeigneten Maßstab.

⑦ Ein quaderförmiges Aquarium hat die Bodenmaße 8 dm x 4,5 dm und ist 60 cm hoch. Es ist bis 5 cm unter dem Rand gefüllt. Wie viel Liter Wasser befinden sich im Aquarium?

⑧ Ein Schwimmbecken ist 25 m lang und verfügt über 8 Bahnen von je 1,50 m Breite. Es ist an allen Stellen gleich tief und fasst 750 m³ Wasser. Wie tief ist es?

⑨ Ein Quader ist doppelt so lang wie breit und dreimal so hoch wie breit. Sein Volumen beträgt 48 cm³. Wie breit ist er?

1 Größe 20-€-Schein: _____

2 Eisbärfell: _____

3 Zeit in der Schule: _____

4 Innenraum Pkw: _____

5 V = _____

6 *Antwortsatz:* _____

_____

_____

_____

7 *Antwortsatz:* _____

_____

_____

_____

8 *Antwortsatz:* _____

_____

_____

_____

9 *Antwortsatz:* _____

_____

_____

_____

Nebenrechnungen und Zeichnungen:

13 Aussagen

Welche der folgenden Sachtexte passen zu der Gleichung x + (x – 3) = 60? Kreuze jeweils an.

1	Vera ist drei Jahre jünger als Max. Zusammen sind sie 60 Jahre alt.	☐ Ja ☐ Nein
2	Eine Lostrommel enthält dreimal so viel Nieten wie Gewinnlose. Insgesamt sind 60 Lose in der Trommel.	☐ Ja ☐ Nein
3	Familie Maier legt auf ihrer zweitägigen Radtour insgesamt 60 km zurück. Am zweiten Tag fahren sie 3 km weniger als am ersten Tag.	☐ Ja ☐ Nein
4	Ein 60 m² großer Saal wird mit Parkett ausgelegt. Länge und Breite des Raumes unterscheiden sich um 3 Meter.	☐ Ja ☐ Nein

(1): Max: x; Vera: x – 3
    Gleichung x + (x – 3) = 60   **Ja**
(2): Gewinne: x; Nieten: 3x
    Gleichung x + 3x = 60   **Nein**
(3): 1. Tag: x; 2. Tag : x – 3
    Gleichung x + (x – 3) = 60   **Ja**
(4): Breite: x, Länge: 3x
    Gleichung x · (x – 3) = 60   **Nein**

 14 Winkelbestimmung

Wie groß ist Winkel α in der Figur rechts?

 Scheitelwinkel sind gleich groß.
Gestreckte Winkel sind 180° groß.
Aus 2α + α + 90°= 180° folgt:

$$\alpha = 30°$$

 15 Komma

Die Ziffernfolge stimmt. Setze in der blauen Zahl ein Komma so, dass die Gleichung stimmt (ohne Taschenrechner).
a) 12,3 · 4,56 = 5 6 0 8 8 0 0 0 0
b) 1 2 3 0 0 0 · 45,6 = 56 088

Zu a)
Durch Überschlagsrechnung kann das Produkt abgeschätzt werden: 12,3 · 4,56 ≈ 12 · 5 = 60.
Richtig ist also: **5 6 , 0 8 8 0 0 0 0**

Zu b)
Aus Teilaufgabe a) ist bekannt:
12,30 · 4,56 = 56,088 | · 10
12,30 · 45,6 = 560,88 | · 100
1230,0 · 45,6 = 56088

---

1 Welche der folgenden Aussagen passen zu der Gleichung 5x + 17 = 57? Was gibt in diesen Fällen x an?

(1) Fünf Freunde gehen ins Kino. Sie kaufen Karten und anschließend Popcorn für 17 €. Insgesamt bezahlen sie 57 €.
(2) Frau May kauft 5 Flaschen Wein und 17 Flaschen Sekt. Sie bezahlt insgesamt 57 €.
(3) Ein 5 km langer Rundkurs für Crossräder wird x-mal durchfahren. Der Kurs liegt 17 km von Tannendorf entfernt. Es sind 57 Teilnehmer am Start.
(4) Ein Unternehmen soll 57 m³ Muttererde zu einem Grundstück bringen. Der große Lkw bringt mit einer Fahrt 17 m³. Der kleine Lkw bringt den Rest mit fünf Fahrten, jeweils voll beladen.
(5) Ein Rechteck ist 5 cm breit, seine Länge unbekannt. Wäre es 17 cm² größer, hätte es einen Flächeninhalt von 57 cm².

2 Wie groß ist der Winkel AMC?

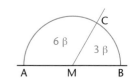

3 Bestimme die Größe aller Winkel.

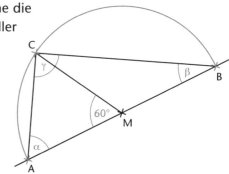

4 Setze in der blau unterlegten Ziffernfolge ein Komma so, dass die Gleichung stimmt.

(1)	98,700	·	1,230	=	121401
(2)	98700	·	1,230	=	12,1401
(3)	9,8700	·	1230	=	121,401
(4)	48000	·	125,0	=	6000,00
(5)	480,00	·	1,250	=	600000
(6)	2,50	·	00520	=	130,0
(7)	00250	·	0,52	=	0,01300

Aussage	passt/passt nicht
(1)	
(2)	
(3)	
(4)	
(5)	

Bedeutung von x bei den passenden Aussagen:

Aussage	Bedeutung von x

Nebenrechnungen:

 ∡ AMC = _____

3 α = _____

β = _____

γ = _____

4

(1)	121401
(2)	98700
(3)	1230
(4)	48000
(5)	600000
(6)	00520
(7)	00250

Nebenrechnungen:

16 Zylinder

Ein Zylinder hat eine Grundfläche mit dem Radius 14 cm und ist 8 cm hoch. Bestimme die Oberfläche des Zylinders gerundet auf ganze cm².

Zylinder   Oberfläche des Zylinders

 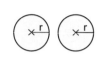 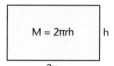

$V = \pi r^2 h$ $O = 2\pi r^2 + 2\pi rh$

$O = 2\pi \cdot (14\ cm)^2 + 2\pi \cdot 14\ cm \cdot 8\ cm$
$O = 2\pi \cdot 196\ cm^2 + 2\pi \cdot 112\ cm^2$
$O \approx 1935\ cm^2$

 17 Prozente

a) Wie viel sind 30 % von 250 €?

b) Wie viel Prozent sind 25 cm von 5 m?

c) Von wie viel Kilogramm sind 5 % genau 10 kg?

d) Ein Kapital von 620 € wird ein Jahr lang mit 4 % verzinst. Berechne die Jahreszinsen.

In der Prozentrechnung treten folgende Größen auf:

– Grundwert G
– Prozentwert W
– Prozentsatz p %

3 % von 800 € sind 24 €
| | | |
p %   G   W

Die Formel mit allen Umstellungen ist:

$W = G \cdot p\%$ **$p\% = \dfrac{W}{G}$**   **$G = \dfrac{W}{p\%}$**

Die Zinsrechnung ist eine Anwendung der Prozentrechnung:
Kapital K ↔ Grundwert G
Zinsen Z ↔ Prozentwert W
Zinssatz p % ↔ Prozentsatz p %
$Z = K \cdot p\%$

Zu a)
W ist gesucht.
$W = 250\ € \cdot 0,3$
$\quad = 75\ €$

Zu b)
p % ist gesucht.
$p\% = \dfrac{0,25}{5} = 0,05$
$\quad\quad = 5\%$

Zu c)
G ist gesucht.
$G = \dfrac{10\ kg}{0,05} = 200\ kg$

Zu d)
Z ist gesucht.
$Z = 620\ € \cdot 0,04$
$\quad = 24,80\ €$

1 Berechne vom abgebildeten Zylinder

a) den Flächeninhalt des Mantels,

b) die Oberfläche,

c) das Volumen in Litern.

2 Eine Dose mit Erbsensuppe hat einen Durchmesser von 10,3 cm und eine Höhe von 12 cm. Angegeben ist auf der Banderole (das ist das Etikett auf dem Mantel der Dose) ein Inhalt von 998 ml.

a) Trifft diese Angabe zu?

b) Wie viel Quadratmeter Papier werden zur Herstellung von 50 000 Banderolen benötigt?

3 Abgebildet ist der Mantel eines Zylinders.

a) Welchen Durchmesser hat die Grundfläche des Zylinders?

b) Wie groß ist das Volumen des Zylinders?

4 Berechne.
a) 40 % von 650 €   b) 23 % von 40 m

5 a) Wie viel Prozent sind 374 Personen von 800 Personen?

b) Wie viel Prozent sind 35 € von 1400 €?

6 Von welcher Länge sind 45 % 288 m?

7 Berechne die Jahreszinsen.

a) Ein Kapital von 3200 € wird ein Jahr lang mit 3 % verzinst.

b) Ein Jahr lang werden 560 € bei einem Zinssatz von 2,5 % verzinst.

8 Auf einem freien Gelände am Stadtrand, das 16 ha groß ist, wird ein neues Fußballstadion gebaut. Es nimmt 13 % der Gesamtfläche ein. Wie viel Quadratmeter wird es groß?

9 Von 827 kontrollierten Fahrzeugen waren 43 mit Mängeln versehen. Wie viel Prozent sind das?

1 a) M = _____

b) O = _____

c) V = _____

2 a) Antwortsatz: _____

_____

_____

b) Antwortsatz: _____

_____

_____

3 a) d = _____   b) V = _____

4 a) _____   b) _____

5 a) Antwortsatz: _____

_____

_____

b) Antwortsatz: _____

_____

_____

6 Antwortsatz: _____

_____

_____

7 a) Antwortsatz: _____

_____

_____

b) Antwortsatz: _____

_____

_____

8 Antwortsatz: _____

_____

_____

9 Antwortsatz: _____

_____

Nebenrechnungen:

18 Billard

Die blaue Billardkugel läuft auf dem angegebenen Weg vom Punkt A in das Loch L am Spielfeldrand. Welcher der abgebildeten Graphen (1), (2) oder (3) gibt am ehesten die Entfernung s der blauen Kugel vom Loch L während der Laufzeit t an? Begründe.

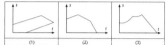

In der folgenden Skizze sind drei Kreisbögen k_1, k_2 und k_3 eingezeichnet.

Man sieht: Die Entfernung s der Kugel zum Loch L ist am größten, wenn die Kugel gegen Ende ihrer Laufzeit auf den rechten Tischrand trifft.

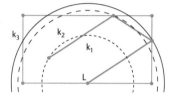

(1): Dieser Graph ordnet einigen t-Werten jeweils zwei verschiedene s-Werte (Kugelpositionen) zu. Das bedeutet, dass sich die Kugel zur gleichen Zeit an verschiedenen Positionen auf dem Billardtisch befindet. Das kann nicht sein.

(2): Die größte Entfernung s besitzt hier die Kugel am Anfang ihrer Laufzeit. Auch dieser Graph ist falsch.

(3): Anfangs verringert die Kugel kurz ihren Abstand zum Loch, ihre größte Entfernung erreicht sie bei dem letzten Auftreffen auf den Tischrand. Dann verringert sich der Abstand der Kugel gleichmäßig, bis die Kugel das Loch erreicht.

Die richtige Antwort lautet also: **3**.

---

1 Ein Stein fällt in einen 40 m tiefen Brunnen. Welcher Graph stellt die Zuordnung *Zeit (t) → zurückgelegter Weg (s)* richtig dar?

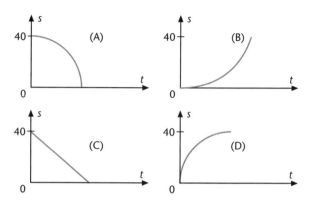

2 Abgebildet ist eine Murmelbahn. Lässt man die Murmel in A los, durchläuft sie die Bahn bis zur Absturzstelle B.

Welcher Graph stellt die Zuordnung *Weg (s) → Geschwindigkeit (v)* am ehesten dar?

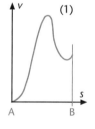
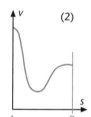
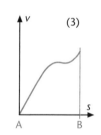

---

3 Einige Kilometer hinter einer Autobahnausfahrt überholt Peter mit seinem Motorrad einen Lastwagen, der auf Grund einer Motorpanne langsam die rechte Standspur befährt. Der geschilderte Sachverhalt ist in einem Diagramm dargestellt. Nutze es, um die folgenden Fragen zu beantworten.

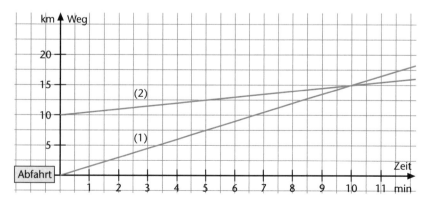

a) Welcher Graph beschreibt die Fahrt von Peter, welcher die Fahrt des Lkw?

b) Wie weit ist Peter bei der Abfahrt vom Lkw entfernt?

c) Wie hoch ist die Geschwindigkeit des Lastwagens?

d) Gib für beide Graphen die Funktionsgleichungen an.

1 Graph _____ stellt die Zuordnung richtig dar.

Begründung: _____

_____

_____

_____

2 Graph _____ stellt die Zuordnung am ehesten dar.

Begründung: _____

_____

_____

_____

3 a) *Antwortsatz:* _____

_____

_____

b) *Antwortsatz:* _____

_____

_____

_____

c) *Antwortsatz:* _____

_____

d) Funktionsgleichungen:

(1) _____ (2) _____

Nebenrechnung für die Geschwindigkeit des Lastwagens:

 **19 Würfel**

(1)

	3		
4	3	4	3
	3		

(2)

	6		
4	4	1	4
	6		

Oben siehst du die Netze zweier Würfel. Der Würfel (1) hat nur die Zahlen 3 und 4, der Würfel (2) die Zahlen 1, 4 und 6.

a) Wie groß ist die Wahrscheinlichkeit, mit Würfel (1) eine Vier zu würfeln?

b) Wie groß ist die Wahrscheinlichkeit, mit Würfel (2) eine Augenzahl größer als 3 zu würfeln?

c) Mit einem der beiden Würfel wurde 500-mal gewürfelt und dabei 162-mal die Vier erzielt.
Mit welchem der beiden Würfel wurde deiner Meinung nach gewürfelt? Begründe.

Zu a)

Von den sechs Feldern der Würfeloberfläche (1) sind zwei mit der Zahl 4 beschriftet, also gilt

$$p_1(4) = \frac{2}{6} = \frac{1}{3}$$

Zu b)

Von den sechs Feldern der Würfeloberfläche (2) sind fünf mit einer Zahl beschriftet, die größer als 3 ist, also gilt

$$p_2 \text{ (größer als 3)} = \frac{5}{6}$$

Zu c)

Bei 500 Würfeln kommt die relative Häufigkeit (rH) für ein bestimmtes Ereignis der Wahrscheinlichkeit schon sehr nah.

$$rH(4) = \frac{162}{500} = 0,324$$

Es gilt $p_1(4) = \frac{1}{3}$ und $p_2(4) = \frac{1}{2}$

Da die relative Häufigkeit knapp unter $\frac{1}{3}$ liegt (0,324 < 0,333 …), ist sicherlich mit dem **Würfel (1)** gewürfelt worden.

Hinweis: In Zufallsversuchen werden oft auch „Würfel" verwendet, die quaderförmig sind. Dann sind die einzelnen Ergebnisse (z. B. 1, 2 oder 3) nicht gleichwahrscheinlich. Gleichwahrscheinlich ist dagegen, dass gegenüberliegende Flächen oben liegen.

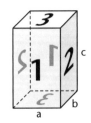

1 Wie groß ist die Wahrscheinlichkeit, mit Würfel (1) eine Vier zu würfeln?

(1)
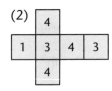

2 Wie groß ist die Wahrscheinlichkeit, mit Würfel (2) eine gerade Zahl zu würfeln?

(2)

	4		
1	3	4	3
	4		

3 Wie groß ist die Wahrscheinlichkeit, mit Würfel (3) keine Sechs zu würfeln?

(3)

	4		
1	5	6	4
	5		

4 Mit einem der abgebildeten Würfel wurde 800-mal gewürfelt. Dabei lag 548-mal eine Primzahl oben.
Welcher Würfel war das deiner Meinung nach?

5 Mit einem der abgebildeten Würfel wurde 1500-mal gewürfelt. 252-mal war das Ergebnis eine Zahl unter 3.
Welcher Würfel wird das gewesen sein?

6 Mit Würfel (3) wurde 600-mal gewürfelt und dabei 197-mal ein bestimmtes Ergebnis erreicht.
Welche Ergebnisse können es gewesen sein?

☐ 6   ☐ 1   ☐ größer als 3
☐ 2   ☐ 5   ☐ weder 4 noch 5
☐ 4   ☐ größer als 2   ☐ Primzahl

7 Mit diesem „Würfel" wurden mehrfach relative Häufigkeiten ermittelt.

Gruppe 1: $rH(2) = \frac{198}{800}$

Gruppe 2: $rH(1) = \frac{339}{900}$

Gruppe 3: $rH(3) = \frac{346}{700}$

Gruppe 4: $rH(1) = \frac{188}{500}$

Gruppe 5: $rH(2) = \frac{253}{1000}$

Gruppe 6: $rH(3) = \frac{453}{1200}$

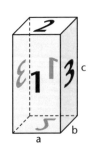

a) Eine Gruppe hat falsch gezählt. Welche?

b) Ist a oder b länger? Begründe deine Antwort.

1 *Antwortsatz:* _____

2 *Antwortsatz:* _____

3 *Antwortsatz:* _____

4 *Antwortsatz:* _____

_____

_____

Begründung: _____

_____

_____

_____

Nebenrechnungen:

5 *Antwortsatz:* _____

_____

_____

Begründung: _____

_____

_____

_____

6 *Antwortsatz:* _____

_____

_____

Begründung: _____

_____

_____

_____

7 a) *Antwortsatz:* _____

_____

_____

_____

b) *Antwort und Begründung:* _____

_____

_____

20 Regal im Dachgiebel

In der Nische einer Dach-
schräge soll in 1,00 m Höhe
der abgebildete Boden aus
Glas angebracht werden.
Wie lang muss die Kante
$\overline{A_1B_1}$ des Glasbodens sein?

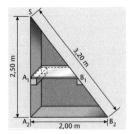

Im Regal erkennt man die ähnlichen Dreiecke
$\triangle SA_1B_1$ und $\triangle SA_2B_2$. Die Länge SB_2 wird zur
Berechnung nicht benötigt.

Der Abstand zwischen
x und $\overline{A_2B_2}$ soll laut
Text 1 m betragen.

Verhältnisgleichung:

$$\frac{x}{2} = \frac{1,5}{2,5}$$

$$x = 1,2$$

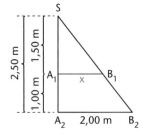

Die Kante des Bodens muss **1,20 m** lang sein.

 21 Lineare Funktion

Durch welchen Punkt verläuft der Graph einer linearen
Funktion y = m · x + b, wenn b = 0 ist?

Der Graph der linearen
Funktion y = mx + b
ist eine Gerade, die die
y-Achse an der Stelle
b schneidet. m ist die
Steigung der Geraden.
Mit jeder Einheit nach
rechts steigt die Gerade
um m (m > 0) oder fällt sie um m (m < 0).

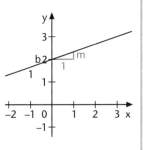

**Für b = 0 verläuft die Gerade durch den
Nullpunkt (0|0) des Koordinatensystems.**

Weitere Aufgabe:
Die Gerade schneidet
die y-Achse im Punkt 2,
außerdem hat sie die
Steigung $\frac{1}{3}$ (3 Einheiten
nach rechts, 1 Einheit
nach oben). Ihre Funkti-
onsgleichung heißt also

$$y = \frac{1}{3}x + 2$$

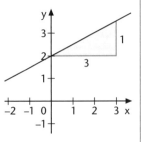

1 Mit einer Säge wird parallel
zur Seite $\overline{AB}$ im Abstand von
40 cm ein Stück vom drei-
eckigen Brett abgeschnitten.

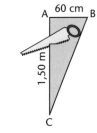

a) Wie lang ist die Schnittkante?

b) Welchen Flächeninhalt hat das verblei-
bende Dreieck, welchen das abgeschnittene Stück?

2 Abgebildet ist ein Schornstein und der Schatten, den
dieser Schornstein wirft.
Wie hoch ist der Schornstein
insgesamt?

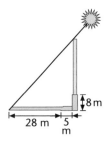

3 Sabine ist 1,50 m groß und wirft einen
1,20 m langen Schatten. Der neben ihr lau-
fende Sebastian hat zum gleichen Zeitpunkt
einen Schatten von 1,45 m.
Wie groß ist Sebastian?

4 Ordne Funktionsgleichungen und Graphen
einander zu.

(1) y = 2x – 5   (3) $y = \frac{3x + 5}{2}$

(2) y = 3 – x   (4) $y = -\frac{1}{5}x$

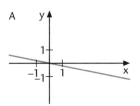
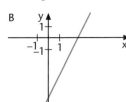
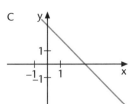
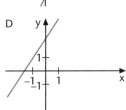

5 Beschreibe den Verlauf des Graphen zu der
Gleichung.

a) y = 0x – 2   b) y = – 2x

6 Welche Steigung hat eine Gerade, die durch
den Nullpunkt und den Punkt A (5|4) geht?

1 a) Antwortsatz: _____

_____

_____

_____

Skizze und Nebenrechnungen:

b) Antwortsatz: _____

_____

_____

_____

2 Antwortsatz: _____

_____

_____

_____

3 Antwortsatz: _____

_____

_____

_____

4

Funktionsgleichung	(1) $y = 2x - 5$	(2) $y = 3 - x$	(3) $y = \frac{3x + 5}{2}$	(4) $y = -\frac{1}{5}x$
Graph				

5 a) Verlaufsbeschreibung: _____

_____

_____

b) Verlaufsbeschreibung: _____

_____

_____

6 Antwortsatz: _____

_____

Skizze und Nebenrechnung:

22 Keksfabrik

In einer Keksfabrik werden Kekse hergestellt und in verschiedene Schachteln maschinell verpackt. Drei Maschinen verpacken zusammen pro Stunde 2100 Schachteln mit je 0,75 kg. Für einen Auftrag sollen 9450 kg Kekse verpackt werden.

a) Wie lange arbeiten die drei Maschinen für diesen Auftrag?

b) Nach einer Stunde fällt eine Maschine aus. Wie lange müssen die beiden übrigen noch arbeiten? Kreuze die Zeitangabe an, die am besten hierzu passt:

6 h ☐ $6\frac{1}{2}$ h ☐ 7 h ☐ $7\frac{1}{2}$ h ☐ 8 h ☐

Zu a)

Zwei mögliche Lösungswege sind:

① Man berechnet, wie viel kg Kekse die drei Maschinen zusammen pro h verpacken:
2100 · 0,75 kg = 1575 kg. Also:

$\cdot\frac{9540}{1575}$ $\left(\begin{array}{c|c} 1575 \text{ kg} & 1 \text{ h} \\ \hline 9450 \text{ kg} & \textbf{6 h} \end{array}\right)$ $\cdot\frac{9540}{1575} = 6$

② Man berechnet, wie viele Schachteln für diesen Auftrag benötigt werden:
9450 kg : 0,75 kg = 12 600.

$\cdot\frac{12600}{2100}$ $\left(\begin{array}{c|c} 2100 & 1 \text{ h} \\ \hline 12600 & \textbf{6 h} \end{array}\right)$ $\cdot\frac{12600}{2100} = 6$

Die Antwort lautet: **6 Stunden.**

Zu b)

Zwei mögliche Lösungswege sind:

① In der ersten Stunde verpacken 3 Maschinen 2100 · 0,75 kg = 1575 kg Kekse. Die 2 übrigen Maschinen müssen also nur noch 7875 kg verpacken. Da 3 Maschinen gleicher Leistung 2100 Schachteln in 1 h verpacken, schaffen 2 dieser Maschinen 1400 Schachteln in 1 h, d.h.
1400 · 0,75 kg = 1050 kg Kekse stündlich. 7875 kg Kekse schaffen sie dann in $7\frac{1}{2}$ h.

② Aus Teilaufgabe a) wissen wir, dass der Auftrag von 3 Maschinen in 6 h erledigt wird. Für 9450 kg werden 3 · 6 = 18 Maschinenstunden benötigt. In der ersten Stunde leisten drei Maschinen drei Maschinenstunden. Die restlichen 15 Maschinenstunden leisten 2 Maschinen in
15 h : 2 = $7\frac{1}{2}$ h.

Anzukreuzen ist also: $7\frac{1}{2}$ h.

1 Svenja und Silke sind begeisterte Kart-Fahrerinnen. Svenja zahlt für 6 Runden 10,50 €, Silke zahlt 14 €.
Wie viele Runden ist Silke gefahren?

2 Zwei Pumpen gleicher Leistung füllen ein Schwimmbecken in 12 Stunden.
In welcher Zeit können 5 dieser Pumpen das Becken füllen?

3 Auf dem Sommerfest des Sportvereins werden Crêpes angeboten. Das Rezept für den Teig aus 50 g Butter, 100 g Mehl, 50 g Puderzucker, 3 Eiern, $\frac{1}{8}$ l Milch und 250 g Sahne ist für 6 Portionen berechnet.
Welche Zutatenmengen werden für 120 Portionen benötigt?

4 Für eine Schallschutzmauer entlang eines Autobahnabschnittes sollen 11 Pfosten in einem Abstand von 2,10 m aufgestellt werden. Der Bauleiter ordnet an, den Abstand auf 1,50 m zu verringern.
Wie viele Pfosten werden jetzt gebraucht?

5 Vier Müllfahrzeuge der Stadtreinigungswerke benötigen 6 h, um 840 Hausmülltonnen aus einem Neubaugebiet zu leeren.
Jede Hausmülltonne enthält durchschnittlich 19 kg Abfall. Nach einer Stunde wird ein weiteres Müllfahrzeug eingesetzt. In welcher Zeit sind jetzt alle Hausmülltonnen im Neubaugebiet geleert?

6 Zum Schulabschluss planen drei 10. Realschulklassen eine gemeinsame Planwagenfahrt durch das Münsterland. Jeder Planwagen bietet Platz für 12 Personen. 88 Schülerinnen und Schüler wollen teilnehmen.

a) Wie viele Planwagen müssen für die Fahrt gemietet werden?

b) Für die Fahrt muss jede Person 6 € zahlen. Wie hoch wären die Kosten pro Person, wenn jeder Planwagen voll besetzt wäre?

23 Seitenlänge Quadrat

Wie ändert sich der Flächeninhalt eines Quadrats, wenn man die Seitenlänge verdreifacht? Begründe deine Antwort.
- [ ] Der Flächeninhalt bleibt gleich.
- [ ] Der Flächeninhalt verdreifacht sich.
- [ ] Der Flächeninhalt verneunfacht sich.
- [ ] Der Flächeninhalt verzwölffacht sich.
- [ ] Das kann man nicht entscheiden, ohne die Seitenlänge zu kennen.

Ein Quadrat hat den Flächeninhalt $A = a^2$.
Bei dreifacher Seitenlänge (3a) beträgt der Flächeninhalt

$A_3 = (3a)^2 = 3a \cdot 3a$
$A_3 = 9a^2$

Richtig ist also die Antwort:
Der Flächeninhalt verneunfacht sich.

Beim Umfang bleibt es beim Faktor 3:

$u = 4a$ $\qquad$ $u_3 = 4 \cdot (3a) = 12a$

Verdreifacht man dagegen bei einem Würfel die Kantenlänge, hat das folgende Auswirkung auf das Volumen:

$V = a^3$ $\qquad$ $V_3 = (3a)^3$
$\qquad\qquad\quad V_3 = 27a^3$

Verlängert man bei einer Fläche oder einem Körper alle Kanten um den Faktor k, so wächst:
– der Umfang um das k-fache,
– der Flächeninhalt bzw. die Oberfläche um das k^2-fache,
– das Volumen um das k^3-fache.

Beispiel:
Bei einem Kegel mit einem Radius r und der Höhe h werden beide Maße verdoppelt. Wie ändert sich das Volumen?
Der vergrößerte Kegel hat den Radius 2r und die Höhe 2h.

Es gilt: $V = \frac{\pi}{3} r^2 h$ $\qquad$ $V = \frac{\pi}{3} \cdot (2r)^2 \cdot 2h$
$\qquad\qquad\qquad\qquad V = \frac{\pi}{3} \cdot 8r^2 h$

Das Volumen ist 8-mal so groß.

1 Wie ändert sich der Umfang eines Rechtecks, wenn man Länge und Breite verdoppelt?
- [ ] Der Umfang verdoppelt sich.
- [ ] Der Umfang vervierfacht sich.
- [ ] Der Umfang verachtfacht sich.

2 Wie ändert sich der Flächeninhalt eines Kreises, wenn man den Radius vervierfacht?
- [ ] Der Flächeninhalt verdoppelt sich.
- [ ] Der Flächeninhalt vervierfacht sich.
- [ ] Der Flächeninhalt verachtfacht sich.
- [ ] Der Flächeninhalt versechszehnfacht sich.

3 Wie ändert sich das Volumen eines Würfels, wenn man seine Kantenlänge halbiert?

4 Abgebildet sind eine große Kugel und vier kleine Kugeln, die nur halb so hoch sind.

Die fünf Kugeln sind aus demselben Material. Die große Kugel wiegt 7 kg. Wie viel wiegen die vier kleinen Kugeln zusammen?

5 Beim abgebildeten Quader werden die Kantenlängen a, b und c verdoppelt.

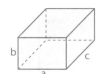

a) Wie ändert sich die Oberfläche des Quaders?

b) Wie ändert sich das Volumen des Quaders?

6 Die abgebildete Holzpyramide ist 24 cm hoch und wiegt 2 kg. 6 cm unterhalb der Spitze wird parallel zur Grundfläche ein Schnitt durch die Pyramide gelegt.

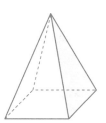

a) Wie schwer ist die abgeschnittene Spitze, die ja ebenfalls eine Pyramide ist?

b) Welchen Bruchteil von der Oberfläche der gesamten Pyramide beträgt die Oberfläche der Spitze?

- [ ] $\frac{1}{2}$ $\qquad$ - [ ] $\frac{1}{16}$
- [ ] $\frac{1}{4}$ $\qquad$ - [ ] $\frac{1}{32}$
- [ ] $\frac{1}{8}$ $\qquad$ - [ ] $\frac{1}{64}$

24 Wanderung

Vom Hotel aus brachen das Ehepaar Schmidt und Herr Wolf zeitgleich zu einer 14 km langen Bergwanderung auf. Wanderzeit und zurückgelegte

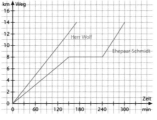

Strecke sind im Diagramm festgehalten.

a) Welche Strecke hat Herr Wolf nach zweieinhalb Stunden zurückgelegt?

b) Das Ehepaar Schmidt legte eine Pause ein. Wie lange dauerte die Pause?

c) Bestimme die höchste Durchschnittsgeschwindigkeit, mit der Ehepaar Schmidt gewandert ist.

d) Bestimme für Herrn Wolf die Gleichung der Funktion *Zeit x (in Minuten) → Weg y (in km)*.

Zu a)

$2\frac{1}{2}$ h entsprechen 150 Minuten. Dies ist die x-Koordinate des gesuchten Punktes auf dem Graphen zur Wanderung von Herrn Wolf. Die y-Koordinate liest man dann ab: **12 km**.

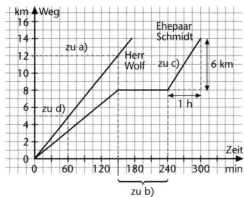

Zu b)

Der Abschnitt des Graphen zur Wanderung von Ehepaar Schmidt, in dem der zurückgelegte Weg unverändert bleibt, kennzeichnet die Länge der Pause: **90 min = $1\frac{1}{2}$ h.**

Zu c)

Je höher die Wandergeschwindigkeit, desto steiler steigt der Graph an. Ehepaar Schmidt wandert also nach der Pause mit der höchsten Durchschnittsgeschwindigkeit. Laut Steigungsdreieck beträgt sie **6 $\frac{km}{h}$**.

Zu d)

Der zu Herrn Wolf gehörende Graph geht durch den Ursprung und besitzt die Steigung $\frac{5}{60} = \frac{1}{12}$. Die Funktionsgleichung ist **y = $\frac{1}{12}$x**.

1 Die Klasse 10a veranstaltet um 20.00 Uhr eine Party im Jugendheim. Ina und Paul machen sich mit dem Fahrrad auf den Weg.

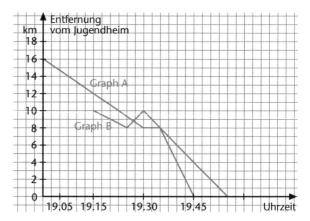

a) Ina startet 19.00 Uhr. Graph A beschreibt ihre Fahrt. Beurteile anhand dieser Darstellung, ob die Aussagen zutreffen können.

Nach einer Viertelstunde hat Ina bereits 5 km zurückgelegt.	☐ Ja	☐ Nein
Nach 30 Minuten legt Ina eine Rast ein.	☐ Ja	☐ Nein
Anfangs fährt Ina durchschnittlich 8 $\frac{km}{h}$.	☐ Ja	☐ Nein

b) Paul beginnt seine Fahrt 15 Minuten nach Ina. Wie könnte seine Fahrt, die von Graph B dargestellt ist, verlaufen sein? Beschreibe.

c) Mit welcher konstanten Geschwindigkeit hätte Paul die gesamte Strecke fahren müssen, um zeitgleich mit Ina anzukommen?

2 Eine 8 km lange Wanderung führt die Klasse 10b auf das Nebelhorn.

Die ersten Kilometer geht es nur leicht bergauf, und die Gruppe kommt gut voran. Dann fordert ein Klettersteig (K) die Kondition aller heraus. Gut, dass am Ende des Steigs eine Hütte (H) zur Rast einlädt. Von hier aus führt ein fast ebener Weg zum Gipfelkreuz (G).

a) Skizziere in einem Koordinatensystem einen zu der Beschreibung passenden Graphen für die Zuordnung *Zeit t → Weg s*.

b) Trage K, H und G am Graph ein.

 **Tourismusentwicklung**

Nach einer Flaute am Anfang des neuen Jahrtausends ist der weltweite grenzüberschreitende Reiseverkehr in den letzten Jahren geradezu explodiert.

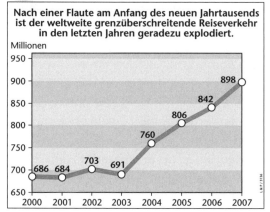

a) Wie viele Touristen reisten in den Jahren 2000 bis 2007 durchschnittlich pro Jahr ins Ausland?

b) Um wie viel Prozent stieg der Reiseverkehr von 2003 auf 2007 an?

c) Die Überschrift über dem Diagramm und das Diagramm selbst vermitteln den Eindruck, dass sich weltweit der grenzüberschreitende Reiseverkehr von 2003 auf 2007 vervielfacht hat. Wodurch wurde dieser Eindruck erreicht?

d) Zeichne rechts ein Säulendiagramm, das die Entwicklung des grenzüberschreitenden Reiseverkehrs realistisch darstellt. Vervollständige zunächst die Skalierung auf der Hochachse.

Zu a)

in Mio.: $\dfrac{686 + 684 + 703 + 691 + 760 + 806 + 842 + 898}{8}$

$= \dfrac{6070}{8}$ Mio. $=$ **758,75 Mio.**

Zu b)

G = 691 (Mio.) W (Zuwachs) = 207 (Mio.)

p% ist gesucht: $p\% = \dfrac{207}{691} \approx$ **30%**

Zu c)

Die Personenzahl auf der y-Achse beginnt nicht bei Null, sondern bei 650 Mio.

Zu d)

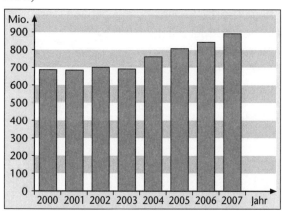

1 Die Grafik zeigt die Entwicklung der Aktie der Firma UV in den Monaten Januar bis Juni.

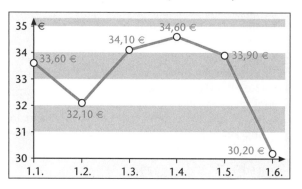

a) Um wie viel Prozent hat die Aktie der Firma UV vom 1.5. bis 1.6. verloren?

b) Im letzen Jahr hatte die Aktie der Firma durchschnittlich einen Wert von 33,65 €. Hat sie diesen Durchschnittswert auch in den dargestellten 6 Monaten erreicht?

c) Die Grafik vermittelt den Eindruck, als sei die Aktie der Firma UV vom 1.5. bis 1.6. so abgestürzt, dass sie fast nichts mehr wert ist. Wodurch entsteht dieser Eindruck?

d) Zeichne ein Säulendiagramm, das die Entwicklung des Aktienkurses vom 1.1. bis 1.6. realistisch darstellt.

2 In Entenhausen gibt es zwei Realschulen. Die Tabelle gibt an, wie viele Mädchen und Jungen jeweils in einem Sportverein sind.

Schule 1: 745 Schülerinnen und Schüler	
Mädchen 74	Jungen 91
Schule 2: 571 Schülerinnen und Schüler	
Mädchen 69	Jungen 84

a) Stelle für beide Schulen in einem Kreisdiagramm die Anteile dar.

b) Die Realschule mit 745 Schülerinnen und Schülern rühmt sich: „Wir sind die sportlichere der beiden Realschulen."
Erlaubt die Statistik diese Aussage?

c) „Jungen in Entenhausener Realschulen treten einem Sportverein eher bei als Mädchen."
Welche Information fehlt, um die Aussage überprüfen zu können?

26 Jugend-Triathlon

Jan absolvierte beim Jugend-Triathlon die Schwimmstrecke in 9:45 Minuten. Für die Radrennstrecke benötigte er 19:29 Minuten. Als Jan um 9:43:01 Uhr die Lauf-Ziellinie erreichte, stand er als Sieger fest.

Jugend-Triathlon

Schwimmen	300 m
Radfahren	10 km
Laufen	3 km
Start:	9:00 Uhr

a) Mit welcher Geschwindigkeit fuhr Jan die Radrennstrecke? Kreuze den Wert an, der diese Geschwindigkeit am besten angibt:

$15 \frac{km}{h}$ ☐ $25 \frac{km}{h}$ ☐ $35 \frac{km}{h}$ ☐

$20 \frac{km}{h}$ ☐ $30 \frac{km}{h}$ ☐ $40 \frac{km}{h}$ ☐

b) Wie lange brauchte Jan für den 3-km-Lauf?

Zu a)

Geschwindigkeiten in $\frac{km}{h}$ geben an, wie viele km in einer Stunde zurückgelegt werden.
Wir wissen:
Jan absolvierte in 19 min und 29 s, also ungefähr in 20 min, eine Strecke von 10 km. Dies entspricht in 3 · 20 min = 60 min = 1 h einer Strecke von 3 · 10 km = 30 km.
Jan fuhr die Radrennstrecke also mit einer Geschwindigkeit von etwa **30 $\frac{km}{h}$**.

Zu b)

Wir wissen: Jans Lauf endete um 9:43:01 Uhr. Um jedoch die gesuchte Zeitdauer berechnen zu können, muss man auch die Uhrzeit kennen, zu der Jan den Lauf begann. Hierzu bestimmt man aus den angegebenen Zeiten, die Jan für die Schwimmstrecke und das Radrennen gebraucht hat, Jans Startzeiten in den einzelnen Wettkampfteilen.

	Uhrzeit	Jans Zeiten
START	9.00 Uhr	
300 m Schwimmen	**9:09:45 Uhr**	9 min 45 s
10 km Rad fahren	**9:29:14 Uhr**	19 min 29 s
3 km Laufen		**13 min 47 s**
ZIEL	9:43:01 Uhr	

Die richtige Antwort lautet:
Für den 3-km-Lauf benötigte Jan **13 Minuten und 47 Sekunden.**

1
Laut Kalender geht am 18. Juni die Sonne um 5.15 Uhr auf und um 21.38 Uhr unter.
Wie viel Zeit liegt an diesem Tag zwischen Sonnenaufgang und Sonnenuntergang?

2
Jürgen kommt um 16.07 Uhr am Dortmunder Hauptbahnhof an. Insgesamt war er 1 Stunde und 24 Minuten mit dem Zug unterwegs. Wann hat Jürgen seine Zugfahrt begonnen?

3
Beim deutschen Ironman-Wettbewerb 2003 in Frankfurt am Main benötigte Clemens Sandscheper 58 Minuten für die 3,8 km lange Schwimmstrecke im Langener Waldsee. In fünf Stunden und vier Minuten brachte er die 180 km lange Radrennstrecke hinter sich. Den abschließenden Marathon absolvierte Sandscheper in 3:13:14 Stunden und erzielte damit den 27. Gesamtplatz.
Um welche Uhrzeit lief Sandscheper über die Ziellinie des Marathonlaufs, wenn um 7.00 Uhr gestartet wurde?

4
Martinas Flug nach Rom geht um 15.10 Uhr. Für die Fahrt zum Flughafen plant sie 45 Minuten ein. Mindestens eine Stunde vor Abflug der Maschine muss sie am Schalter der Fluggesellschaft einchecken.
Wann muss Martina spätestens aufbrechen, um pünktlich am Check-in-Schalter zu sein?

5
Ein 500 m langer Personenzug durchfährt mit gleichbleibender Geschwindigkeit den 5,5 km langen abgebildeten Tunnel. Der Zug fährt um 12.56 Uhr in den Tunnel ein. Zwei Minuten später verlässt der letzte Wagen den Tunnel.

a) Mit welcher Geschwindigkeit ($\frac{km}{h}$) fährt der Zug durch den Tunnel?

b) Tim steht genau in der Mitte des Zuges am Fenster und schaut auf seine Uhr, als sein Wagen den Tunnel verlässt. Welche Uhrzeit sieht er?

27 Konservendosen

Sechs Konservendosen werden von einem Plastikband umfasst. Jede Dose hat einen Radius von 4 cm.

a) Berechne die Länge des Plastikbandes.
b) Reicht für Dosen mit doppeltem Radius ein doppelt so langes Plastikband? Begründe deine Antwort.

Zu a)

Zur Berechnung der Länge des Bandes unterteilt man es in gerade und gekrümmte Stücke.

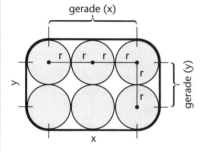

$x = 4 \cdot \text{Radius}$ $y = 2 \cdot \text{Radius}$
$x = 4 \cdot 4\,\text{cm}$ $y = 2 \cdot 4\,\text{cm}$
$x = 16\,\text{cm}$ $y = 8\,\text{cm}$

Die vier gekrümmten Stücke entsprechen jeweils dem Viertelkreis, bilden zusammen also einen ganzen Kreis, dessen Umfang zu berechnen ist.

$$u = 2\pi r$$
$$u = 2 \cdot \pi \cdot 4\,\text{cm}$$
$$u \approx 25{,}1\,\text{cm}$$

Die Gesamtlänge des Bandes berechnet sich so:

$$l = 2x + 2y + u$$
$$l \approx 2 \cdot 16\,\text{cm} + 2 \cdot 8\,\text{cm} + 25{,}1\,\text{cm}$$
$$l \approx 73{,}1\,\text{cm}$$

Zu b)

Dieses Problem ist bereits auf Seite 27 angesprochen worden.

Es verdoppeln sich x, y und u.

1 Vier Konservendosen werden von einem Plastikband umfasst. Jede Dose hat einen Radius von 5 cm.
Berechne die Länge des Plastikbandes.

2 Sechs Konservendosen werden wie in der Abbildung gezeigt von einem Plastikband umfasst. Jede Dose hat einen Radius von 6 cm. Berechne die Länge des Plastikbandes.

Hinweis: Das Lupenbild hilft dir bei der Lösung der Aufgabe. Überlege dazu, wie groß der Winkel α und demzufolge der Winkel β ist.

3 Der Kreis hat einen Radius von r = 8 cm.

a) Berechne im Dreieck FME die Größe der Winkel.

b) Berechne den Umfang des regelmäßigen Sechsecks ABCDEF.

c) Um wie viel Prozent ist der Umfang des Kreises größer als der Umfang des regelmäßigen Sechsecks?

d) Welche Höhe hat das Trapez BCDE? Ermittle diese Höhe mit einer Zeichnung und berechne anschließend den Flächeninhalt des Trapezes.

e) Wie vergrößert sich der Flächeninhalt des Sechsecks, wenn der Radius des Umkreises verdoppelt wird? Wie vergrößert sich gleichzeitig der Umfang des regelmäßigen Sechsecks?

4 Aus einer quadratischen Sperrholzplatte mit einer Fläche von 0,25 m² wird der größtmögliche Kreis ausgeschnitten.

a) Berechne Flächeninhalt und Umfang des Kreises.

b) Wie viel Prozent der ursprünglichen Platte beträgt der entstehende Abfall?

 **28 Gläser**

Ein Likörglas und ein Rotweinglas werden mit Wasser gefüllt.

 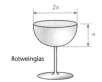

Likörglas   Rotweinglas

a) Wie viele vollständig gefüllte Likörgläser werden benötigt, um das Rotweinglas bis zum Rand zu füllen?

b) Welcher der abgebildeten Graphen zeigt am besten, wie sich die *Höhe h* des Flüssigkeitsspiegels beim gleichmäßigen Befüllen des **Rotweinglases** in Abhängigkeit von der *Zeit t* ändert? Kreuze an.

Zu a)

Zunächst muss das Volumen jedes Glases mit einem Term beschrieben werden.

– Der Kelch des Likörglases hat die Form eines auf die Spitze gestellten Kegels mit $r = \frac{1}{2}x$ und $h = x$. Also:

$$V_{\text{Likörglas}} = \frac{1}{3} \cdot \pi \cdot \left(\frac{1}{2}x\right)^2 \cdot x = \frac{1}{3} \cdot \pi \cdot \frac{1}{4}x^2 \cdot x$$

$$= \frac{1}{12}\pi \cdot x^3$$

– Der Kelch des Rotweinglases hat die Form einer Halbkugel mit $r = x$. Also:

$$V_{\text{Rotweinglas}} = \frac{1}{2} \cdot \frac{4}{3} \cdot \pi \cdot x^3 = \frac{2}{3} \cdot \pi \cdot x^3$$

Aus $\left(\frac{1}{12}\pi \cdot x^3\right) 8 = \frac{2}{3} \cdot \pi \cdot x^3$ folgt: **8** randvolle Likörgläser füllen das Rotweinglas.

Zu b)

Je höher ein Punkt des Graphen liegt, desto voller ist das Gefäß.

A: Zu Beginn nimmt die Füllhöhe für eine kurze Zeit rapide, später immer allmählicher ab.

B: Die Füllhöhe steigt zu Beginn ein wenig, später immer stärker an.

C: Der Flüssigkeitsspiegel steigt für kurze Zeit rasch, später immer weniger stark an.

Da das Rotweinglas nach oben zunehmend breiter wird und in gleicher Zeit stets die gleiche Flüssigkeitsmenge in das Glas fließt, steigt die Füllhöhe immer langsamer an.
Deshalb: **Richtig ist C.**

---

1 Ein quaderförmiger Behälter besitzt die in der Zeichnung angegebenen Innenmaße.
Er wird langsam mit einer Flüssigkeit gefüllt. Pro Minute fließen 150 cm³ in den Behälter.

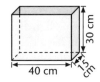

a) Welches Volumen hat der Behälter?

b) Nach wie vielen Minuten ist der Behälter voll?

c) Skizziere den Graphen der Funktion f: *Zeit x (in min) → Füllhöhe y (in cm).*

d) Wie lautet die zu f gehörende Funktionsgleichung?

2 Auch der folgende Behälter wird langsam mit einer Flüssigkeit gefüllt.

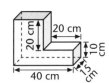

Es sollen wieder in jeder Minute 150 cm³ in den Behälter fließen.

a) Nach wie vielen Minuten ist jetzt der Behälter bis zum Rand gefüllt?

b) Skizziere den Graph dieses Füllvorgangs im Koordinatensystem.

3 Verschiedene Gefäße werden gleichmäßig mit Wasser gefüllt.

a) Ordne jedem Gefäß den Graph zu, der dessen Füllvorgang am besten darstellt.

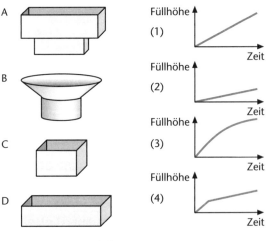

b) Skizziere ein Gefäß, dessen Füllvorgang zu diesem Graphen passt.

 **29 Zeitungs-(Proz-)ente**

„Fuhr vor einigen Jahren noch jeder zehnte Autofahrer zu schnell, so ist es heute ‚nur noch' jeder fünfte. Doch auch fünf Prozent sind zu viele, und so wird weiterhin kontrolliert, und die Schnellfahrer haben zu zahlen."
Quelle: Norderneyer Badezeitung

Die Meldung ist fehlerhaft. Begründe.

Die Meldung beinhaltet zwei Fehler.

Der erste mathematische Fehler steckt in der Formulierung „nur noch".

Früher: Jeder 10. Autofahrer rast.

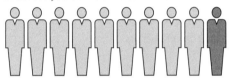

Heute: Jeder 5. Autofahrer rast.

Wenn also heute jeder 5. statt früher jeder 10. Autofahrer zu schnell fährt, dann hat sich die Zahl der Raser erhöht.

Der zweite Fehler liegt in der Angabe „fünf Prozent".
Jeder 5. Autofahrer bedeutet, dass sich unter jeweils 5 Autofahrern 1 Raser befindet.
Unter 100 Autofahrern sind dann 20 Raser zu finden, also: 20 von 100 oder 20 % der Autofahrer fahren zu schnell.

Richtig müsste die Meldung also lauten:
„Fuhr vor einigen Jahren noch jeder zehnte Autofahrer zu schnell, so ist es heute **sogar jeder fünfte. 20 Prozent** sind natürlich viel zu viel, und so wird weiterhin kontrolliert, und die Schnellfahrer haben zu zahlen."

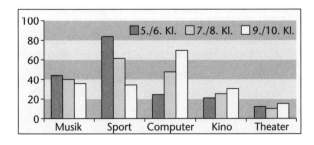

1 Aus dem Mitteilungsblatt des FC Dribbel:

In der vorletzten Saison gewann unsere 1. C-Jugend-Mannschaft jedes dritte Spiel. Die letzte Saison fiel dagegen deutlich besser aus. Nach jedem 6. Spiel verließ unsere Mannschaft als Sieger den Platz. Der Vereinsvorsitzende äußerte daher stolz: „Dies ist eine Steigerung um 50 %."

Was sagst du dazu?

2

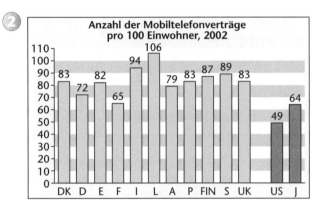

Japaner sind zurückhaltend
Während 72 von 100 Deutschen einen Mobilfunkvertrag besitzen, sind es in den Vereinigten Staaten (US) nur 49 %. Überraschend auch die Zahl aus dem technikbegeisterten Japan (J):
Nur jeder 64. Einwohner konnte sich dort bislang zu einem Handyvertrag entschließen.

Im Text steckt ein Fehler. Berichtige.

3 Jeweils 90 Schülerinnen und Schüler jeder Klassenstufe der Albert-Einstein-Schule wurden nach ihren bevorzugten Freizeitaktivitäten befragt und die Ergebnisse nach Klassenstufen sortiert. Das unten links abgebildete Diagramm zeigt das Umfrageergebnis.
Die Schülerzeitung stellt den Anstieg der Beschäftigung mit dem Computer so dar:

Der Computer ist in den Klassen 9 und 10 dreimal beliebter als in den Klassen 5 und 6!

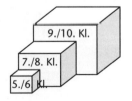

Stellen Text und Grafik in der Schülerzeitung das Umfrageergebnis zutreffend dar? Nimm Stellung.

30 Ziffern

Bilde natürliche Zahlen mit den Ziffern 2, 3, 4 und 9.
Nutze alle Ziffern genau einmal.
a) Bilde die kleinst- und die größtmögliche Zahl.
b) Gib alle so gebildeten Zahlen an, die durch 4 teilbar
   sind.

Zu a)
Bei der Frage nach der kleinstmöglichen Zahl
überlegt man sich: Die Ziffer mit dem größten Wert (9) muss an der Stelle stehen, an der
sie den geringsten Einfluss auf die Größe der
gesuchten Zahl hat. Dies ist die Einerstelle. Die
Ziffer mit dem zweitgrößten Wert (4) muss
demnach an der noch unbe-
setzten Zehnerstelle stehen
usw. Die gesuchte Zahl lautet
daher:

T	H	Z	E
2	3	4	9

Bei der größten Zahl, die aus diesen Ziffern
gebildet werden kann, fragt man dagegen: An
welcher Stelle hat die Ziffer mit dem größten
Wert den größten Einfluss auf die Größe der
gesuchten vierstelligen Zahl?
So gelangt man zu der
Lösung:

T	H	Z	E
9	4	3	2

Zu b)
Da eine durch 4 teilbare Zahl auch immer
eine gerade Zahl ist, kann nur 2 oder 4 an der
Einerstelle der gesuchten Zahl stehen.

Eine Zahl ist durch 4 teilbar,
wenn die von den letzten beiden Ziffern gebildete Zahl ein
Vielfaches von 4 ist. Für die
beiden Endziffern der gesuchten Zahlen stehen also drei
Möglichkeiten zur Verfügung.

T	H	Z	E
		3	2
		9	2
		2	4

Zu diesen Endziffern
gibt es jeweils zwei Möglichkeiten für die Ziffern an der
Hunderter- und Tausenderstel-
le. Insgesamt gibt es damit
2 · 3 = 6 Lösungen.

T	H	Z	E
4	9	3	2
9	4	3	2
3	4	9	2
4	3	9	2
3	9	2	4
9	3	2	4

1 Stelle die Zahl 112 als Summe natürlicher
Zahlen a und b dar. Die Zahl a soll durch 4
teilbar sein, die Zahl b durch 5 teilbar sein.
Es gibt fünf verschiedene Möglichkeiten.
Gib alle an!

2 Welche der folgenden Aussagen trifft nicht
zu? Begründe.

(A) Eine Zahl, die durch 2 und 3 teilbar ist, ist
auch durch 6 teilbar.
(B) Eine Zahl, die durch 4 und 5 teilbar ist, ist
auch durch 20 teilbar.
(C) Eine Zahl, die durch 4 und 6 teilbar ist, ist
auch durch 24 teilbar.
(D) Eine Zahl, die durch 4 und 9 teilbar ist, ist
auch durch 36 teilbar.

3 Notiere alle 4-stelligen Zahlen mit der Quersumme 3.

4 Die Buslinien M1, M2
und M3 fahren um 7 Uhr
gleichzeitig am Bahnhof
ab. Laut Fahrplan kom-
men Busse
• der Linie M1 in Abständen von 10 Minuten
• der Linie M2 in Abständen von 4 Minuten
• der Linie M3 in Abständen von 6 Minuten.
Wie viele weitere gemeinsame Abfahrten von
Bussen der drei Linien vom Bahnhof ereignen
sich zwischen 8.55 Uhr und 12.05 Uhr?

5 Mira hat entdeckt, dass es mehrstellige natürliche Zahlen gibt, deren Quersumme gleich
dem Produkt ihrer Ziffern ist.
Mira nennt eine solche Zahl „Turbo", z. B. die
Zahl 11313 ist ein Turbo, denn es gilt
$1 + 1 + 3 + 1 + 3 = 9 = 1 \cdot 1 \cdot 3 \cdot 1 \cdot 3$.

a) Ergänze zu einem 7-stelligen Turbo:

1	1	2		1		1

b) Welche Ziffer darf in keinem Turbo auftreten? Begründe!

c) Alle 4-stelligen Turbos werden aus den
   Ziffern 1, 1, 2 und 4 gebildet. Wie viele
   verschiedene 4-stellige Zahlen gibt es, deren Quersumme gleich dem Produkt ihrer
   Ziffern ist?

 **Elfmeter**

Im Finale der Fußballweltmeisterschaft 1990 in Italien zwischen Deutschland und Argentinien schoss Andreas Brehme den entscheidenden Elfmeter flach über den Rasen knapp am Pfosten vorbei in das argentinische Tor. Deutschland gewann das Spiel mit 1:0 und war zum dritten Mal nach 1954 und 1974 Fußballweltmeister. Welche Strecke legte der Ball von Andreas Brehme dabei bis zur Torlinie ungefähr zurück? *(Beachte: Ein Fußballtor ist 7,32 m breit und 2,44 m hoch.)*

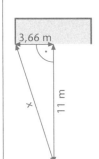

Satz des Pythagoras:

$$x^2 = 3{,}66^2 + 11^2$$
$$x^2 = 134{,}3956$$
$$x \approx 11{,}59$$

Da der Ball knapp neben dem Pfosten ins Tor ging, sollte man bei 3,66 m – das ist die Hälfte der Torlänge 7,32 m – sicherheitshalber 20 cm abziehen.

$$y^2 = 3{,}46^2 + 11^2 \rightarrow y = 11{,}53$$

Der Ball legte bis zur Torlinie ungefähr **11,50 m** zurück.

1 Der Anstoßkreis eines Fußballfeldes hat einen Durchmesser von 18,30 m.

a) Wenn sich die Spieler beider Mannschaften eines Fußballspiels mit gleichem Abstand voneinander auf dem Anstoßkreis verteilen würden, wie weit stünden dann jeweils benachbarte Spieler voneinander entfernt?

b) Wenn sich die Spieler beider Mannschaften innerhalb des Anstoßkreises versammeln würden, wie viel Platz hätte dann jeder Spieler ungefähr?

3 m²   5 m²   8 m²   12 m²

2 Abgebildet sind die Maße von Tor, Torraum und Strafraum eines Fußballfeldes. Das Tor ist 2,44 m hoch.
Wie groß ist der Strafraum eines Fußballfeldes außerhalb des Torraumes?

3 Der Fußball wird jeweils so getreten, dass sein Flugverlauf gerade ist. Welchen Weg legt er zurück?

a)
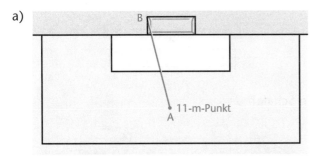

c)
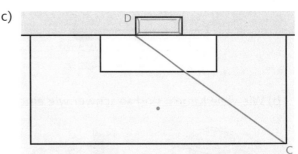

b)
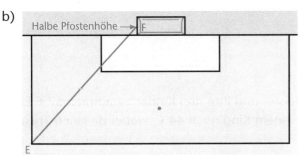

d)
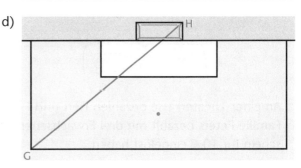

4 Wie weit ist es vom Punkt A (3a) bis zum Punkt C (3c)?

32 Lineare Gleichungssysteme

Die Westendschule veranstaltet einen Sponsorenlauf. Die Sponsoren haben zugesagt, jedem Läufer der kleinen Runde 3 € zu spenden und jedem Läufer der großen Runde 4 €. Insgesamt beteiligten sich 545 Schüler und Schülerinnen an dem Lauf und die Schule konnte 2056 € an eine Partnerschule in Südafrika überweisen.
Berechne, wie viele Schüler die kleine Runde und wie viele Schüler die große Runde liefen.

Anzahl der Schüler, die die kleine Runde liefen: x
Anzahl der Schüler, die die große Runde liefen: y

1. $x + y = 545$
2. $x \cdot 3 + y \cdot 4 = 2056$
1. $x = 545 - y$
$\rightarrow$ 2. $(545 - y) \cdot 3 + y \cdot 4 = 2056$
$\quad 1635 - y \cdot 3 + y \cdot 4 = 2056 \qquad |-1635$
$\quad\quad\quad\quad\quad\quad y = 421$
$\rightarrow$ 1. $x + 421 = 545 \qquad |-421$
$\quad\quad\quad x = 124$

124 Schüler liefen die kleine Runde,
421 Schüler die große Runde.

1 Welche Lösungen hat das Gleichungssystem?
a) 1. $20x + 5y = 1$ und 2. $13x - 10y = 3{,}3$
b) 1. $3x + 2y = 16$ und 2. $2x + 3y = 19$
c) 1. $3x + 4y = 1$ und 2. $6x + 8y = 0$
d) 1. $3x + 2y = 8$ und 2. $9x + 6y = 24$

2 Ein 50-Euro-Schein wird so in 10-Euro-Scheine und 5-Euro-Scheine gewechselt, dass die Anzahl der kleineren Scheine x dreimal so groß ist wie die Anzahl der größeren Scheine y. Wie viele Scheine sind es jeweils?

3 Ein Korken und eine Flasche kosten zusammen 1,10 €.
Die Flasche ist 1 € teurer als der Korken.
Was kostet der Korken, was die Flasche?

4 Alle Waagschalen sind im Gleichgewicht. Gleiche Gegenstände sind gleich schwer.

a) Wie viele Kugeln sind so schwer wie ein blaues Säckchen?

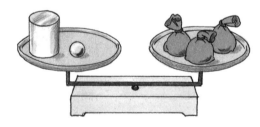 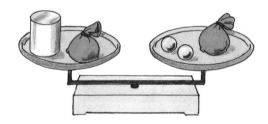

b) Wie viele Kugeln sind so schwer wie eine blaue Schale?

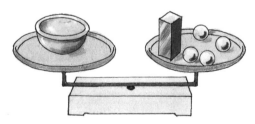 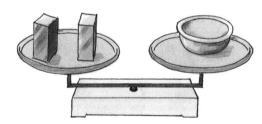

5 An einer Theaterkasse bezahlen Herr und Frau Meister und ihre drei Kinder zusammen 57 € Eintritt. Familie Peters bezahlt mit drei Erwachsenen und einem Kind noch 44 €, wobei sie einen Theatergutschein für 10 € eingelöst haben.

a) Wie viel kostet eine Theaterkarte für einen Erwachsenen, wie viel für ein Kind?

b) Eine Gruppe bezahlt an der Theaterkasse 75 €. Wie viele Erwachsene und wie viele Kinder gehören zur Gruppe? Es gibt mehrere Lösungen.

33 Rahmen

Um das Rechteck wurde ein Rahmen gezeichnet (Maße in cm).

a) Berechne für x = 3 cm den Flächeninhalt des Rahmens.

b) Dilan (1), Stephanie (2) und Robin (3) haben Terme zur Berechnung des Flächeninhalts des Rahmens aufgestellt.

(1) $4 \cdot x \cdot (22 - x)$ (2) $x \cdot (44 - 2x) - x \cdot (2x - 44)$

(3) $4x \cdot (12 - \frac{x}{2}) + 4x \cdot (10 - \frac{x}{2})$

Peter behauptet: „Alle drei Terme lasen sich so umformen, dass sie gleich sind." Überprüfe Peters Behauptung.

c) Wie groß muss man x wählen, damit der Rahmen 160 cm² groß ist?

d) Den Flächeninhalt (y) des inneren Rechtecks beschreibt der Term $480 - (88x - 4x^2)$
Welcher Graph passt am besten zur Funktionsgleichung $y = 480 - (88x - 4x^2)$. Begründe deine Antwort.

Zu a)

Es gibt mehrere Möglichkeiten, z. B.:

(1) $24 \cdot 20 \text{ cm}^2 - 18 \cdot 14 \text{ cm}^2 = \mathbf{228 \text{ cm}^2}$

(2) $24 \cdot 3 \text{ cm}^2 + 24 \cdot 3 \text{ cm}^2 + 14 \cdot 3 \text{ cm}^2$
$+ 14 \cdot 3 \text{ cm}^2 = \mathbf{228 \text{ cm}^2}$

Zu b)

Peters Behauptung stimmt:

(1) $4x \cdot (22 - x) = \mathbf{88x - 4x^2}$

(2) $x \cdot (44 - 2x) - x \cdot (2x - 44)$
$= 44x - 2x^2 - 2x^2 + 44x = \mathbf{88x - 4x^2}$

(3) $4x \cdot (12 - \frac{x}{2}) + 4x \cdot (10 - \frac{x}{2})$
$= 48x - 2x^2 + 40x - 2x^2 = \mathbf{88x - 4x^2}$

Zu c)

$$\begin{array}{ll} 88x - 4x^2 = 160 & |:(-4) \\ x^2 - 22x = -40 & |+11^2 \\ (x - 11)^2 = 11^2 - 40 & \\ x^2 - 22x + 121 = 121 - 40 & \\ x^2 - 22x = 40 & \\ x_1 = 2 & \end{array}$$

$x_2 = 20$ passt nicht als Problemlösung.
Die Rahmenbreite x beträgt **2 cm**.

Zu d)

C passt, da 2 Nullstellen und der Graph zu $y = 4x^2 - 88x + 480$ nach unten offen ist.

1 Um ein Quadrat wurde ein Rahmen der Breite x gezeichnet.

a) Berechne den Flächeninhalt des Rahmens für x = 5 cm.

b) Schreibe zwei Formeln (Terme) auf für den Flächeninhalt eines Rahmens der Breite x.

c) Der Rahmen soll 256 cm² groß sein. Welche Breite hat er?

d) Mit der Formel $A = 4x^2 + 120x + 900$ kann man den Flächeninhalt des großen Quadrats berechnen. Prüfe nach.

e) Welcher Graph passt am besten zur Funktionsgleichung $y = 4x^2 + 120x + 900$?

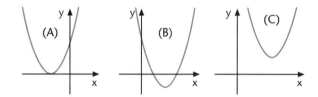

2 Zeichne die Parabeln für $-4 \leq x \leq 4$.

a) $y = x^2 - 3$ c) $y = (x + 2)^2 - 3$

b) $y = (x - 3)^2 - 2$ d) $y = -(x - 3)^2 + 2$

3 Arbeite mit $y = x^2 - 5x - 2{,}75$.

a) Für welchen x-Wert wird y am kleinsten?

b) Zeichne die Parabel zu $y = x^2 - 5x - 2{,}75$. Zeichne auch die dazu an der x-Achse gespiegelte Parabel und bestimme deren Funktionsgleichung.

4 Ein Brückenbogen kann beschrieben werden durch die Funktionsgleichung $y = -ax^2 + 75$

a) Wie hoch liegt der höchste Bogenpunkt über der Fahrbahn?

b) Die Spannweite der Brücke ist 200 m. Wie lautet die Funktionsgleichung?

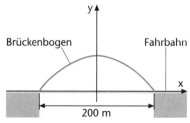

 **Behälter**

Der abgebildete Behälter hat einen Durchmesser von 20 cm und eine Gesamthöhe von 30 cm.
Wie viel Liter fasst der abgebildete Behälter, wenn er vollständig gefüllt ist?

Der Behälter ist ein Körper, für den im Mathematikunterricht keine Formel entwickelt worden ist. Er kann aber mit ausreichender Genauigkeit durch bekannte Körper angenähert werden.

Da das Fassungsvermögen in Liter angegeben werden soll, rechnet man mit der Einheit „Dezimeter":

$1 \ dm^3 = 1 \ l$

Zylinder und Halbkugel

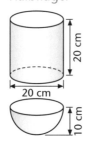

$V_Z = \pi r^2 h$
$V_Z = \pi \cdot (1dm)^2 \cdot 2 \ dm$
$V_Z \approx 6,28 \ dm^3$

$V_{HK} = \frac{2}{3}\pi r^3$
$V_{HK} = \frac{2}{3}\pi \cdot (1dm)^3$
$V_{HK} \approx 2,09 \ dm^3$

$V = V_Z + V_{HK}$
$\mathbf{V \approx 8,37 \ dm^3 = 8,37 \ l}$

Da der Körper nach oben abgeschätzt ist (er wird nach unten etwas schmaler), rundet man so ab:
In den Behälter passen ungefähr 8 l.

Weitere Aufgabe:
Den rechts abgebildeten „Haufen" kann man nach oben mit einem Zylinder und nach unten mit einer Halbkugel abschätzen.

$V_Z = \pi r^2 h$ $V_{HK} = \frac{2}{3}\pi r^3$

$V_Z \approx 3,14 \ m^3$ $V_{HK} \approx 2,09 \ m^3$

Der Mittelwert aus beiden Ergebnissen ist 2,615 m³.
Die Abschätzung lautet daher ca. $2\frac{1}{2}$ m³.

---

1 Abgebildet ist eine Kartoffel. Eine andere Kartoffel von 60 cm³ Größe wiegt 68 g.

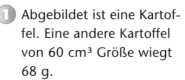

Welche der unten angegebenen Massen trifft auf die abgebildete Kartoffel zu?

☐ 70 g   ☐ 50 g   ☐ 120 g
☐ 160 g   ☐ 200 g   ☐ 250 g

2 An der zylinderförmigen Steinsäule steht ein Mann, der 1,75 m groß ist.

a) Berechne das ungefähre Volumen der Steinsäule.

b) Berechne die ungefähre Masse der Steinsäule.
1 m³ Stein wiegt ungefähr 2,2 t.

3 Das abgebildete Fass ist 1,50 m lang. Die beiden Deckel links und rechts sind kreisförmig und rund ein Drittel Quadratmeter groß. In der Mitte hat das Fass einen Durchmesser von 80 cm.

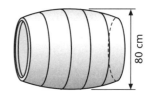

Wie viel Hektoliter passen in dieses Fass ungefähr hinein?

4 Die abgebildete Flasche mit Vielzweckkleber von der Firma OHO enthält flüssige Klebemasse.
Wie groß ist etwa der Inhalt?

☐ zwischen   20 cm³ und   30 cm³
☐ zwischen   60 cm³ und   100 cm³
☐ zwischen   200 cm³ und   300 cm³
☐ zwischen   400 cm³ und   500 cm³
☐ zwischen   700 cm³ und 1000 cm³
☐ zwischen 1200 cm³ und 1500 cm³

35 Vereinfachen

Nina, Salima und Max sollen den Term (Rechenausdruck)
$2x - 4 (x + 1)$ vereinfachen.

Nina:	Salima:	Max:
$2x - 4 \cdot (x + 1)$	$2x - 4 \cdot (x + 1)$	$2x - 4 \cdot (x + 1)$
$= 2x - 4x + 4$	$= 2x - 4x - 4$	$= 2x - 4x + 1$
$= 4 - 2x$	$= -2x - 4$	$= -2x + 1$

a) Bei wem findest du Fehler?
   Schreibe auf mit „≠" (ungleich), was falsch ist.
b) Schreibe einen Term mit Klammern auf, der vereinfacht so aussieht: $2x - 4$

Zu a)

bei Nina: $2x - 4 \cdot (x + 1) \neq 2x - 4x + 4$

bei Salima: Alles richtig, denn:
$2x - 4 \cdot (x + 1) = 2x - 4x - 4$
$= -2x - 4$

bei Max: $2x - 4 \cdot (x + 1) \neq 2x - 4x + 1$

Zu b)

Um den Term zu finden, geht man von dem
vereinfachten Term aus und

– prüft, ob sich ein Faktor ausklammern lässt:
$2x - 4 = 2 (x - 2)$

– ergänzt den vereinfachten Term, ohne seinen Wert zu verändern so, dass mehrere Faktoren ausgeklammert werden können, z. B.

$\quad 2x \quad\quad - \quad 4$
$= 6x - 4x \quad - 6 + 2$
$= 6x - 6 \quad\quad - 4x + 2$
$= 6 (x - 1) - 2 (2x - 1)$

Verändert man in den gefundenen Termen,
ohne den Wert des Terms zu verändern, die
Vorzeichen vor und in der Klammer und dann
die Reihenfolge der Summanden, kommt man
zu weiteren richtigen Lösungen:

$2x - 4 = 2 (x - 2)$
$\quad\quad = -2 (-x + 2)$
$\quad\quad = -2 (2 - x)$
$\quad\quad$ oder
$2x - 4 = 6 (x - 1) - 2 (2x - 1)$
$\quad\quad = -6 (-x + 1) + 2 (-2x + 1)$

---

1 Über zwei Zahlen bzw. Termen steht immer
deren Summe. Achte auf die Vorzeichen und
ergänze!

a) b) c)

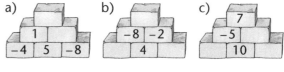

d) e)

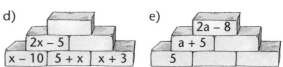

2 Fasse zusammen.

a) $-3x - 3 + x - 8$ 　　b) $u - 5 + 12 - 4u$

3 Löse die Klammern auf.

a) $5 (-6y - 8)$ 　　b) $-8 - (12 + 4u) \, 2$

4 In den Termen steht die Variable n für eine
beliebige natürliche Zahl, die durch 2 teilbar
ist. Untersuche, welche der folgenden Terme
ebenfalls durch 2 teilbar sind. Kreuze an.

☐ $7n$ 　　☐ $n + 7$ 　　☐ $2n + 1$
☐ $n - 1$ 　　☐ $n - 8$ 　　☐ $n + 2$
☐ $2n$ 　　☐ $(n + 1)^2 - 1$ 　　☐ $(n + 1)^2$

5 Welche Vereinfachungen sind richtig?
Ordne zu.

A	$3x - 5 (y - 1)$
B	$18y - (x - 6) \, 3$
C	$-4 (-1,5x + 6)$
D	$3x - 8 (x - 1)$
E	$9 - (6 - x) \cdot 3$
F	$3x + 5 (-y - 1)$
G	$(x - 4) (-6)$
H	$-7x - 2 (2x - 4)$
I	$3 (6y - x - 6)$
J	$12 - 3 (1 + x)$

1	$-6x + 24$
2	$-9 + 3x$
3	$18y - 3x - 18$
4	$-5x + 8$
5	$3x - 5y - 5$
6	$6x - 24$
7	$18y - 3x + 18$
8	$3x - 5y + 5$
9	$11x + 8$
10	$9 - 3x$

6 Vervollständige die Zahlenmauer. Über zwei Zahlen bzw. Termen steht hier stets das Produkt.

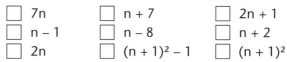

a) b) c) d) e) f)

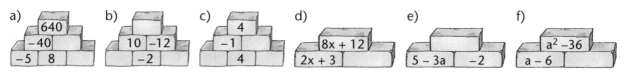

36 Kapitalanlage

Zur Konfirmation erhält Henrik 1000 € von seinen Großeltern. Er legt das Geld zu 6 % an und will den Betrag so lange unangetastet lassen, bis sich sein Anfangskapital verdoppelt hat.
a) Wie viele Jahre muss Henrik warten?
b) In welcher Zeit würde sich bei gleicher Verzinsung ein Kapital von 10 000 € verdoppeln?

Zu a)

Um zu berechnen, in wie vielen Jahren das Anfangskapital von 1000 € bei einem Zinssatz von 6 % auf ein Endkapital von 2000 € anwächst, überlegt man sich:

Anfangskapital   1000,0 €
          $\downarrow \cdot 1{,}06$

Kapital
nach 1 Jahr   1060,00 €
          $\downarrow \cdot 1{,}06$ $\cdot 1{,}06^2$

Kapital $\cdot 1{,}06^x$
nach 2 Jahren   1123,60 €

Kapital   ⋮
nach x Jahren   2000,00 €

Die Anzahl der Jahre bis zur Verdopplung des Anfangskapitals auf 2000 € liefert demnach die Gleichung:

$$1000\,€ \cdot 1{,}06^x = 2000\,€ \quad | : 1000\,€$$

$$1{,}06^x = \frac{2000\,€}{1000\,€}$$

$$1{,}06^x = 2$$

Lösen der Gleichung:
① durch probierendes Einsetzen von ganzzahligen Exponenten
   oder
② durch Logarithmieren
   $$x \cdot \log 1{,}06 = \log 2 \qquad | : \log 1{,}06$$

   $$x = \frac{\log 2}{\log 1{,}06} \approx 11{,}89$$

Die Antwort lautet also:
Henrik muss etwa **12 Jahre** bis zur Verdopplung seines Anfangskapitals warten.

Zu b)

Die Lösung zu a) zeigt, dass die Höhe des Betrages keinen Einfluss auf die Verdopplungszeit hat. Richtig ist daher: Auch ein Kapital von 10 000 € verdoppelt sich bei einem Zinssatz von 6 % in etwa **12 Jahren**.

---

1 Berechne die fehlenden Angaben mit Hilfe der Zinseszinsformel: $K_n = K_0 \cdot (1 + \frac{p}{100})^n$.

	a)	b)	c)
Kapital (K_0)	2000 €		1560 €
Zinssatz (p %)	6,5 %	4,5 %	5 %
Laufzeit (n)	4 Jahre	1 Jahr	
Endkapital (K_n)		773,30 €	2090,55 €

2 Legt man einen Betrag von 2000 € fest zu 5 % Zinsen an, so verdoppelt sich das Kapital durch Zins und Zinseszins nach etwa 14 Jahren. Wie viele Jahre dauert es ungefähr, bis sich das Kapital vervierfacht hat?
☐ etwa 21 Jahre   ☐ etwa 56 Jahre
☐ etwa 28 Jahre   ☐ etwa 35 Jahre

3 Im Diagramm ist die Entwicklung eines Anfangskapitals von 500 € bei einem festen Zinssatz über mehrere Jahre dargestellt. Das Endkapital y nach x Jahren kann durch die Gleichung
$$y = 500 \cdot (1 + \frac{p}{100})^x \text{ berechnet werden.}$$

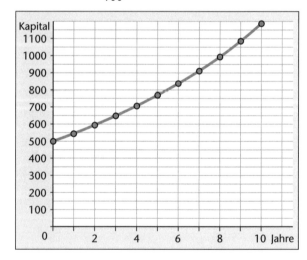

a) Lies aus dem Diagramm ab, nach welcher Zeit sich das Anfangskapital verdoppelt hat.

b) Gib an, zu welchem gleich bleibenden Zinssatz das Anfangskapital angelegt wurde. Notiere deine Rechnung. Runde das Ergebnis auf Zehntel %.

c) Wie lange würde es bei gleicher Verzinsung dauern, bis sich ein Kapital von 50 000 € verdoppelt hätte.

37 Zwei Würfel

Es wird gleichzeitig mit einem blauen und einem schwarzen Würfel gewürfelt.

Das Ergebnis (3|5) bedeutet: Mit dem blauen Würfel wurde eine 3 und mit dem schwarzen Würfel eine 5 gewürfelt.

a) Wie viele Ergebnisse sind möglich?

b) Wie groß ist die Wahrscheinlichkeit für das Ergebnis (3|5)?

c) Wie groß ist die Wahrscheinlichkeit, einen Pasch, d. h. zwei gleiche Zahlen, zu würfeln?

Zu a)

Die möglichen Ergebnisse kann man sich in einer Tabelle darstellen.

	1	2	3	4	5	6
1	1|1	1|2	1|3	1|4	1|5	1|6
2	2|1	2|2	2|3	2|4	2|5	2|6
3	3|1	3|2	3|3	3|4	3|5	3|6
4	4|1	4|2	4|3	4|4	4|5	4|6
5	5|1	5|2	5|3	5|4	5|5	5|6
6	6|1	6|2	6|3	6|4	6|5	6|6

Das blau unterlegte Feld zeigt das Wurfergebnis: schwarzer Würfel 4, blauer Würfel 3.

Es gibt 6 · 6 = **36 mögliche Ergebnisse.**

Zu b)

(1) Von den 36 möglichen Ergebnissen ist nur ein einziges Ergebnis (3|5). $p(3|5) = \frac{1}{36}$

(2) Das Würfeln mit zwei Würfeln kann als zweistufiger Versuch aufgefasst werden. Für das Ergebnis (3|5) können wir ein vereinfachtes Baumdiagramm zeichnen.

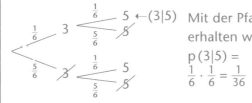

Mit der Pfadregel erhalten wir:

$p(3|5) =$
$\frac{1}{6} \cdot \frac{1}{6} = \frac{1}{36}$

Zu c)

Es gibt die sechs Pasche (1|1), (2|2), (3|3), (4|4), (5|5) und (6|6).

$p(\text{Pasch}) = \frac{6}{36}$ $\qquad$ $p(\text{Pasch}) = \frac{1}{6}$

1 Es wird mit den beiden Würfeln aus der nebenstehenden Info-Spalte geworfen. Benutze zur Beantwortung der folgenden Fragen das Baumdiagramm aus der Info-Spalte.

a) Wie groß ist die Wahrscheinlichkeit, zwei verschiedene Zahlen zu würfeln?

b) Wie groß ist die Wahrscheinlichkeit, mindestens die Augensumme 10 zu würfeln?

c) Wie groß ist die Wahrscheinlichkeit, zwei ungerade Zahlen zu würfeln?

2 Herr Schmidt und Frau Schäfer würfeln abwechselnd mit zwei Würfeln, Frau Schäfer beginnt. Sie muss versuchen, die Augensumme 12 zu erzielen, Herr Schmidt ist erfolgreich mit der Augensumme 7.
Das Spiel ist zu Ende, wenn Frau Schäfer 3-mal die Augensumme 12 oder Herr Schmidt 15-mal die Augensumme 7 erzielt hat. Begründe, wer von den beiden die besseren Gewinnchancen hat.

3 Abgebildet sind die Netze von zwei Würfeln, mit denen gleichzeitig geworfen wird.

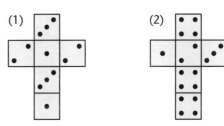

a) Wie groß ist die Wahrscheinlichkeit, eine gerade Augensumme zu würfeln?

b) Wie groß ist die Wahrscheinlichkeit, zwei gleiche Zahlen zu würfeln?

c) Wie groß ist die Wahrscheinlichkeit, die Augensumme 6 zu würfeln?

4 Die vier Könige eines Skatspiels werden gemischt und verdeckt auf den Tisch gelegt. Du drehst nacheinander zwei der vier Spielkarten um. Wie groß ist die Wahrscheinlichkeit,

a) beide schwarzen Könige umzudrehen?

b) einen roten und einen schwarzen König in beliebiger Reihenfolge umzudrehen

38 Die Welt als Dorf

Die unten stehende Grafik vergleicht die Entwicklung der Bevölkerung auf der Welt mit einem Dorf.

a) Wie groß war 2005 der prozentuale Anteil der Lateinamerikaner an der Gesamtbevölkerung des 100-Einwohner-Dorfes?

b) „Auf allen Kontinenten nimmt die Zahl der Dorfbewohner bis zum Jahr 2050 zu". Stimmt das?

c) Laut Angaben der UN-Statistik vermehrt sich die Menschheit zurzeit um 1,2 % pro Jahr. Nach wie vielen Jahren hätte sich nach diesem Wachstumsmodell die Bevölkerung des Weltdorfes von 100 auf 200 Bewohner verdoppelt?

Zu a)

Aus der Grafik ist abzulesen, dass 9 der 100 Einwohner des Weltdorfes Lateinamerikaner sind. In Prozentschreibweise ausgedrückt:

$9 \text{ von } 100 = \frac{9}{100} = 9\,\%$

Zu b)

Unter den genannten Erdteilen ist Europa derjenige Kontinent, dessen Einwohnerzahl von 11 auf 10 schrumpft.

Die Aussage stimmt also nicht.

Zu c)

Die Erdbevölkerung wächst jedes Jahr um einen gleichbleibenden Prozentsatz von 1,2 %. Der Wachstumsfaktor beträgt daher 1,012. Die Gleichung, mit der man die Anzahl der Jahre berechnen kann, in der sich die Bevölkerungszahl des Weltdorfes verdoppelt, lautet:

$$100 \cdot 1{,}012^x = 200 \quad | : 100$$
$$1{,}012^x = 2$$

Wie bei der Aufgabe auf Seite 40 löst man diese Gleichung entweder durch probierendes Einsetzen von ganzzahligen Exponenten oder durch Logarithmieren, d. h.

$$x \cdot \log 1{,}012 = \log 2 \quad | : \log 1{,}012$$
$$x = \frac{\log 2}{\log 1{,}012} \approx 58{,}11$$

Nach diesem Wachstumsmodell hätte sich die Bevölkerung des Weltdorfes **nach ca. 58 Jahren** verdoppelt.

---

1 Für ein neues Theaterstück müssen Uwe und Paul einen Text von 800 Seiten lesen.
- Uwe plant jeden Tag, 40 Seiten zu lesen.
- Paul nimmt sich vor, jeden Tag 10 % der noch verbleibenden Seiten zu lesen.

a) Welcher Graph zeigt das geplante Leseverhalten von Uwe am besten?

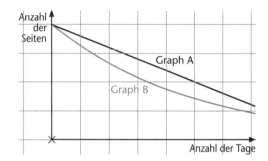

b) Uwe hat nach 20 Tagen den gesamten Text gelesen. Auch Paul hat sich an seinen Plan gehalten. Welche der folgenden Aussagen treffen zu?

(A)	Paul hatte den gesamten Text bereits nach 10 Tagen gelesen.
(B)	Uwe hat die Hälfte des Textes in 10 Tagen gelesen.
(C)	Nach seinem Plan wird es Paul nie gelingen, den gesamten Text zu lesen.

2 Gute Unterwasserfotos sind nur bei ausreichend guten Lichtverhältnissen möglich. Selbst bei klaren Gewässern nimmt die Lichtstärke an der Oberfläche (L_0) pro Meter Wassertiefe um etwa 10 % ab.

a) An der Wasseroberfläche beträgt die Lichtstärke 1. Gib die Lichtstärken für Wassertiefen von 1 m, 2 m, 3 m, 4 m, 5 m an.

b) Inas Unterwasserkamera benötigt 50 % der Lichtstärke 1, um gute Aufnahmen zu machen. Ab welcher Tauchtiefe sollte Ina auf Unterwasserfotos verzichten?

c) Mit welcher Funktion kann die Lichtstärke L für jede Wassertiefe x (in m) in Abhängigkeit von der Lichtstärke an der Oberfläche (L_0) berechnet werden? Kreuze an.

☐ $L(x) = L_0 - 0{,}9^x$ ☐ $L(x) = L_0 \cdot 0{,}9^x$

☐ $L(x) = L_0 \cdot 0{,}1^x$ ☐ $L(x) = L_0 - 0{,}1x$

39 Texte und Gleichungen

a) Schreibe für das Zahlenrätsel eine Gleichung auf und löse sie: „Subtrahiere von der Hälfte einer Zahl ein Drittel der Zahl, dann erhältst du 4."
b) Erfinde ein Zahlenrätsel zur Gleichung $7x - 48 = 2x$. Löse auch die Gleichung.

Zu a)

Um das Zahlenrätsel als Gleichung aufschreiben zu können, muss der Text in die mathematische Sprache „übersetzt" werden:

- Für die gesuchte Zahl schreibt man x.
- „Subtrahieren" steht für die Rechenoperation „–" ;
- „die Hälfte einer Zahl x" bedeutet „$\frac{1}{2}$x oder 0,5x";
- „ein Drittel der Zahl x" schreibt man als „$\frac{1}{3}$x";
- „erhältst du" steht für das Gleichheitszeichen „=".

Die Gleichung lautet also:

$$\frac{1}{2}x - \frac{1}{3}x = 4 \quad | \cdot 6$$
$$3x - 2x = 24$$
$$x = 24$$

Die Probe am Text bestätigt die Lösung.

Zu b)

Um von der Gleichung zu einem passenden Zahlenrätsel zu kommen, ersetzt man die Terme und Rechenzeichen durch sprachliche Ausdrücke:

- aus „7x" wird „das 7fache einer Zahl x"
- „ –" entspricht „Subtrahieren" oder „Vermindern"
- „2x" meint „das Doppelte einer Zahl x" oder „das Produkt aus einer Zahl x und 2"
- „7x – 48" ist die Differenz aus „dem 7fachen einer Zahl x und 48".

Ein zur Gleichung passendes Zahlenrätsel ist z. B.: „**Subtrahiere vom 7fachen einer Zahl 48, so erhältst du das Doppelte der Zahl.**"

Die Lösung der Gleichung erhält man so:
$$7x - 48 = 2x \quad | -2x + 48$$
$$5x = 48 \quad | : 5$$
$$x = 9{,}6$$

1 Ordne jedem Zahlenrätsel die passende Gleichung zu und bestimme die Lösung.

Die Differenz aus 3 und dem 3. Teil einer Zahl a ist 8. ④ $\frac{3a}{8} = \frac{1}{2}a$ (C)

$3 - \frac{1}{3}a = 8$ (B)

$8 : 3a = 0{,}5a$ (D)

Die Summe aus ① einer Zahl a und dem Dreifachen dieser Zahl a ergibt 8.

Multipliziere das Dreifache einer ③ Zahl a mit 8, so erhältst du 3.

$a + 3a = 8$ (E)

$3a \cdot 8 = 3$ (A)

Der Quotient aus ② dem Dreifachen einer Zahl a und 8 ist gleich der Hälfte von a.

2 Welche Terme bezeichnen genau die Hälfte einer beliebigen Zahl a? Kreuze an!

☐ $a : 2$ ☐ $a - \frac{1}{2}$ ☐ $50\% \cdot a$

☐ $a - \frac{1}{2}a$ ☐ $\frac{50}{100}$ ☐ $\frac{a}{2}$

3 Mit Termen lassen sich auch geometrische Sachverhalte beschreiben.
Skizziere das 4. Muster und schreibe einen Term auf, mit dem sich die Anzahl der Stäbe im n-ten Muster berechnen lässt.

a)

Nummer	n = 1	n = 2	n = 3
Muster			
Hölzer	$4 = 1 + 3$	$7 = 1 + 2 \cdot 3$	$10 = 1 + 3 \cdot 3$

b)

Nummer	n = 1	n = 2	n = 3
Muster			
Hölzer	3	$5 = 3 + 2$	$7 = 3 + 2 \cdot 2$

4 „Denke dir eine zweistellige natürliche Zahl. Subtrahiere vom Dreifachen der um 2 verminderten Zahl das Doppelte der um 3 verminderten Zahl. Du erhältst deine gedachte Zahl." Stelle eine passende Gleichung auf und erkläre, warum dieser Trick funktioniert.

40 Brückenkonstruktion

Über den Fluss soll eine Brücke von A nach B führen. Vermesser haben am unteren Flussufer eine 400 m lange Strecke $\overline{AC}$ abgesteckt und dann folgende Messungen vorgenommen:

∢ CAB = 67,8° und ∢ BCA = 49,3°

Bestimme die Länge der Brücke durch maßstäbliche Zeichnung **und** durch Berechnung.

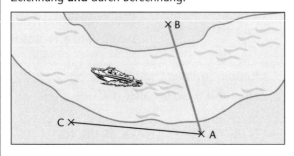

① *Zeichnerische Lösung*

Um 400 m zeichnerisch darstellen zu können, wählt man einen geeigneten Maßstab, z. B. 1 : 10 000 (1 cm in der Zeichnung entspricht 100 m in der Wirklichkeit).

Messung: x = 3,4 cm
Wirklichkeit:
$\overline{AB}$ = 3,4 cm · 10 000
$\overline{AB}$ = **340 m**

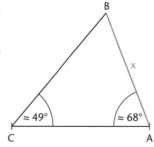

② *Rechnerische Lösung*
β = 180° − 67,8° − 49,3°
β = 62,9°

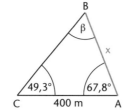

Sinussatz:

$$\frac{x}{\sin 49,3°} = \frac{400 \text{ m}}{\sin 62,9°}$$

$$x = \frac{400 \text{ m} \cdot \sin 49,3°}{\sin 62,9°}$$

$$x = 340,65 \ldots \text{ m}$$

$$x \approx \textbf{341 m}$$

---

1 Die Heini-Klopfer-Skiflugschanze in Oberstdorf gilt als eine der größten Skiflugschanzen der Welt. Sie wird im Volksmund auch „Schiefer Turm von Oberstdorf" genannt.
Welchen Höhenunterschied hat die Anlaufbahn und wie lang ist diese?

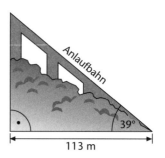

2 Abgebildet ist ein Segelschiff, das von zwei Leuchttürmen angepeilt wird. Wie weit ist es von den beiden Leuchttürmen jeweils entfernt?

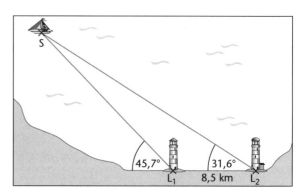

3 Im Maßstab 1 : 5 000 sieht man eine Pass-Straße von oben. Sie beginnt an Punkt A und erreicht an Punkt B die Passhöhe. Punkt A befindet sich auf einer Höhe von 620 m, die durchschnittliche Steigung beträgt 14 %. Wie hoch liegt Punkt B und wie weit fährt man von A bis B?

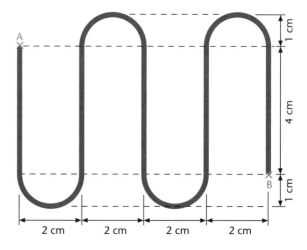

41 Fläche Hessen

Der Kartenausschnitt zeigt das Bundesland Hessen. Schätze die Fläche von Hessen. Benutze den Maßstab der Karte. Begründe dein Vorgehen.

Man muss versuchen, die Fläche von Hessen durch berechenbare Figuren (Vierecke, Dreiecke, ...) so abzudecken, dass sich „Gewinne" und „Verluste" ungefähr ausgleichen. Da gibt es sehr viele verschiedene Möglichkeiten; hier ist eine dargestellt. Die gemessenen „cm auf der Karte" muss man mit 40 multiplizieren und hat dann „km" in Wirklichkeit.

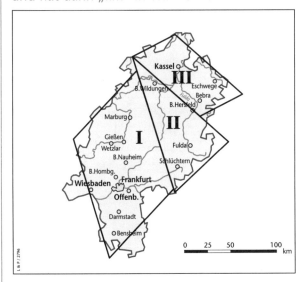

$A_I = 132 \text{ km} \cdot 88 \text{ km}$ (Parallelogramm)

$A_{II} = \dfrac{152 \text{ km} \cdot 72 \text{ km}}{2}$ (Dreieck)

$A_{III} = 96 \text{ km} \cdot 48 \text{ km}$ (Parallelogramm)

$A_I + A_{II} + A_{III} \approx \mathbf{21\,700 \text{ km}^2}$

Nach dieser Schätzung ist das Bundesland knapp 22 000 km² groß.

Ein Blick ins Lexikon zeigt, dass Hessen etwas mehr als 21 100 km² groß ist. Die Schätzung ist also ein guter Wert.

1 Wie viel Quadratkilometer ist Frankreich ungefähr groß?
Vergleiche dein Schätzergebnis mit Angaben aus dem Lexikon oder dem Internet.

Beachte: Zu Frankreich gehört auch die Mittelmeerinsel Korsika, die rechts abgebildet ist. Ihre Größe musst du beim Vergleich mit der offiziellen Größe Frankreichs berücksichtigen.

2 Ebenfalls im Maßstab 1:15 Mio. ist Ägypten abgebildet.
Überlege vor einer Schätzung, ob Ägypten größer oder kleiner als Frankreich ist. Führe dann die Schätzung durch. Vergleiche dein Ergebnis mit offiziellen Angaben über die Größe des Landes.

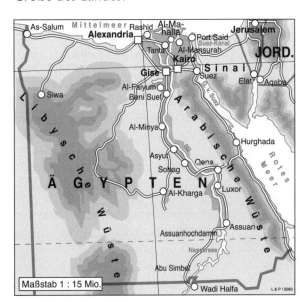

65

42 Gleichung

Alex und Bea sollen die Gleichung
$(x - 2) \cdot (x + 1,5) = 0$ lösen.
Alex meint: „Ich löse zuerst die Klammern auf, dann löse ich die quadratische Gleichung."
Bea sagt: „Eine Lösung ist 2 und die andere sehe ich auch sofort." Schreibe deinen Rechenweg auf.

Rechenweg von Alex:

$$(x - 2) \cdot (x + 1,5) = 0$$
$$x^2 + 1,5\,x - 2x - 3 = 0$$
$$x^2 - 0,5\,x - 3 = 0$$
$$x^2 - 0,5\,x + 0,0625 - 0,0625 - 3 = 0$$
$$(x - 0,25)^2 - 3,0625 = 0 \mid +1,75^2$$
$$(x - 0,25)^2 = 1,75^2$$

$$x - 0,25 = 1,75 \;\; oder \;\; x - 0,25 = -1,75$$
$$\mathbf{x = 2} \quad oder \quad \mathbf{x = -1,5}$$

Überlegung von Bea:

Bea weiß, dass ein Produkt $a \cdot b$ immer dann den Wert 0 annimmt, wenn einer der beiden Faktoren a oder b gleich 0 ist.

Aus $(x - 2) \cdot (x + 1,5) = 0$ folgt dann:
$$x - 2 = 0 \quad oder \quad x + 1,5 = 0$$
$$\mathbf{x = 2} \quad oder \quad \mathbf{x = -1,5}$$

Beas Lösungsweg ist nicht nur schnell, sondern auch wenig fehleranfällig.

1 Löse die Gleichung.

a) $7x - 3 = 5x + 9$ e) $x^2 - 3x = 0$

b) $4(a - 8) = 8$ f) $a^2 - 36 = 0$

c) $(y - 8)(y + 2) = 24$ g) $y^2 + 12y - 13 = 0$

d) $(2x - 4)(x - 8) = 0$ h) $a^2 + 3a = 4$

2 Stelle eine Gleichung auf und löse sie.

a) Maike erhält 7 € weniger Taschengeld als Tom. Zusammen erhalten sie 25 €.

b) Ein Rechteck ist dreimal so lang wie breit. Sein Umfang beträgt 8 Meter.

c) Tinas Opa ist 6-mal so alt wie sie. Zusammen sind sie 84 Jahre alt.

3 Berechne die Länge der Strecke x.

a) 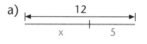   b)

c)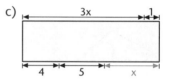

d)

4 Elisa hat einen Sack mit Murmeln. Sie gibt die Hälfte davon Thomas und dann ein Drittel der Murmeln, die noch im Sack sind, Markus.

a) Wenn in Elisas Sack am Anfang 24 Murmeln sind: Wie viele Murmeln hat sie dann am Ende übrig?

b) Wenn Elisa am Ende sechs Murmeln übrig hat: Wie viele Murmeln waren dann am Anfang im Sack?

c) Markus meint: „Wenn Elisa ihre Murmeln so wie beschrieben Thomas und mir geben kann, dann muss die Zahl der Murmeln, die sie übrig hat, gerade sein."
Hat Markus recht? Begründe deine Antwort.

d) Gib eine allgemeine Formel an, wie man aus der Zahl a der für Elisa übriggebliebenen Murmeln die Zahl b der am Anfang im Sack gewesenen Murmeln berechnen kann.

43 Glücksrad

Auf einem Schulfest kann man am Stand der Klasse 10a für einen Einsatz von 1 € zweimal das abgebildete Glücksrad drehen. Bleibt es jedes Mal auf der gleichen Farbe stehen, gewinnt man, und zwar bei *blau/blau* einen Trostpreis im Wert von 0,30 € und bei *weiß/weiß* einen Sachpreis von 8 €.

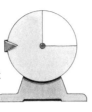

a) Zeichne ein Baumdiagramm und bestimme damit die Wahrscheinlichkeiten für die möglichen Gewinne (1) *blau/blau* und (2) *weiß/weiß*.
b) Wie groß ist die Wahrscheinlichkeit, bei diesem Spiel zu verlieren?
c) Es werden 400 Spiele durchgeführt. Mit welchem Gewinn kann die Klasse rechnen?

Zunächst stellt man fest: Es ist $\frac{1}{4}$ des Glücksrades weiß und $\frac{3}{4}$ sind blau gefärbt.

Mit einem Baumdiagramm und der Pfadregel kann man die Wahrscheinlichkeiten bei 2 Drehungen darstellen (b: *blau*, w: *weiß*).

Zu a)

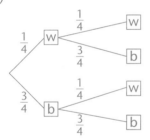

p (*blau/blau*): $\frac{3}{4} \cdot \frac{3}{4} = \frac{9}{16}$

p (*weiß/weiß*): $\frac{1}{4} \cdot \frac{1}{4} = \frac{1}{16}$

Zu b)
Die Wahrscheinlichkeit zu verlieren ist

$p = 1 - \frac{9}{16} - \frac{1}{16}$ \qquad $p = \frac{6}{16} = \frac{3}{8}$

Zu c)
Bei 400 Spielen gibt es zunächst 400 € Einnahmen.

$400 : 16 = 25$ \qquad 25 Sachpreise kosten 200 €.

$(400 : 16) \cdot 9 = 225$ \qquad 225 Trostpreise kosten 67,50 €.

Die Klasse kann mit ca. **132,50 €** (400 € – 200 € – 67,50 €) **Einnahmen** rechnen.

---

1 In einem Gefäß sind 4 blaue und 7 rote Kugeln. Es werden nacheinander verdeckt zwei Kugeln gezogen, wobei die erste Kugel vor der zweiten Ziehung wieder zurückgelegt wird.

a) Zeichne ein Baumdiagramm und berechne die Wahrscheinlichkeiten für
(1) zwei blaue Kugeln;
(2) zwei Kugeln verschiedener Farbe;
(3) zwei Kugeln gleicher Farbe.

b) Wie ändern sich die Wahrscheinlichkeiten, wenn die zuerst gezogene Kugel nicht zurückgelegt wird?

2 Das Glücksrad hat abwechselnd weiße und blaue Felder gleicher Größe. Es wird zweimal nacheinander gedreht. Wie groß ist die Wahrscheinlichkeit für das genannte Ereignis?

a) Es wird zweimal „blau" erzielt.

b) Die letzte Drehung führt zu „blau".

c) Keine Farbe tritt zweimal auf.

d) Die Farbe „weiß" tritt höchstens einmal auf.

3 Die Klasse 10b hat für das Schulfest einen Stand mit einem Würfelspiel aufgebaut. Im Würfelbecher sind zwei Würfel, die gleichzeitig geworfen werden.
Einen Hauptpreis im Wert von 10 € gibt es bei der Augensumme 12; bei den Augensummen 11 und 10 gibt es einen kleineren Preis im Wert von 2 €. Der Einsatz pro Spiel beträgt 1 €.

Am Ende des Schulfestes hat die Klasse 10b 392 € bei dem Spiel verdient. Wie viele Gäste haben am Würfelspiel teilgenommen?
Eine Zahl stimmt; begründe deine Entscheidung.

| 457 | 893 | 1116 | 1431 | 1599 |

44 Angebote

Frau Kurt kann für zwei Jahre einen Lottogewinn von 1 000 000,– € sparen. Sie hat drei Angebote:
(A) Die A-Bank zahlt im 1. Jahr 4 % Zinsen und im 2. Jahr 6 %.
(B) Die B-Bank zahlt im 1. Jahr 3 % Zinsen und im 2. Jahr 7%.
(C) Die C-Bank zahlt im 1. Jahr 5 % Zinsen und im 2. Jahr auch 5 %.
a) Welche Bank kannst du ihr empfehlen? Begründe deine Empfehlung.
b) Würdest du die gleiche Bank auch für jeden anderen Sparbetrag empfehlen? Begründung!

Zu a)

① Ein Lösungsweg besteht darin, für jede Bank die jährlichen Zinsen sowie das Kapital nach 2 Jahren zu ermitteln.

	Zinsen für das		
	1. Jahr	2. Jahr	Endkapital
A-Bank	40 000 €	62 400 €	1 102 400 €
B-Bank	30 000 €	72 100 €	1 102 100 €
C-Bank	50 000 €	52 500 €	**1 102 500 €**

② Ein zweiter Lösungsweg betrachtet lediglich die auftretenden Faktoren, mit denen das Anfangskapital entsprechend der Zinseszinsformel multipliziert wird:

A-Bank: $1{,}04 \cdot 1{,}06 = 1{,}1024$
B-Bank: $1{,}03 \cdot 1{,}07 = 1{,}1021$
C-Bank: $1{,}05 \cdot 1{,}05 = \mathbf{1{,}1025}$

Angebot C liefert den größten Faktor, also auch das größte Endkapital:
$1{,}1025 \cdot 1\,000\,000$ € = **1 102 500 €**
Zu empfehlen ist also die **C-Bank**.

Zu b)

Das Angebot der C-Bank ist auch bei jedem anderen Sparbetrag zu empfehlen. Wie die Überlegung unter ② zeigt, bewirkt der größere Faktor den Vorteil der C-Bank und dies unabhängig von der Höhe des Sparbetrages.

Die Summe der Zinssätze beträgt bei allen drei Banken 10 %, die Produkte der Zinssätze jedoch sind verschieden. Dieser Zusammenhang lässt sich auch geometrisch interpretieren: Den größten Flächeninhalt von allen umfangsgleichen Rechtecken besitzt das Quadrat.

① Berechne den fehlenden Wert mit Hilfe der Zinsformel
$$Z = K \cdot p\% = K \cdot \frac{p}{100}$$

	a)	b)	c)
Kapital (K)	1800 €		3000 €
Zinssatz (p %)	6,5 %	8 %	
Zinsen (Z)		60 €	195 €

② Tom hat seine Ersparnisse für ein Jahr fest angelegt. Am Jahresende erhält er 100 € Zinsen. Wie viele Zinsen würde Tom nach einem Jahr erhalten,

a) wenn er doppelt so hohe Ersparnisse bei doppelt so hohem Zinssatz angelegt hätte?

b) wenn er doppelt so hohe Ersparnisse bei halb so großem Zinssatz angelegt hätte?

c) wenn er nur die Hälfte seiner Ersparnisse bei doppelt so hohem Zinssatz angelegt hätte?

③ Welche Person hat in 10 Jahren den höchsten Zinssatz für ihr Kapital erzielt?

	Anfangskapital	Endkapital
☐ Anja	2400 €	4298,03 €
☐ Boris	1800 €	2795,34 €
☐ Pia	300 €	590,15 €
☐ Luca	600 €	977,34 €

④ Die Hausverwaltung bietet Frau Winter zwei Formen des Staffelmietvertrags an:

Angebot A: 3,5% Mieterhöhung im 1. Jahr, 4,5 % im 2. Jahr

Angebot B: 4,5 % Mieterhöhung im 1. Jahr, 3,5 % im 2. Jahr

a) Auf den ersten Blick erscheinen ihr beide Angebote gleich gut. Stimmt das? Begründe.

b) Mit welcher gleich bleibenden prozentualen Mieterhöhung könnte die Hausverwaltung nach 2 Jahren dieselbe Miete erzielen?

45 Riesenmammutbäume

Riesenmammutbäume sind eine der großen Attraktionen der Nationalparks in den USA und in Südafrika. Sie können sehr alt werden und so breit, dass sogar Autos hindurchfahren können. Die Angaben im Bild gehören zu einem solchen Mammutbaum.

a) Kann man auch in diesen Baum eine Durchfahrt schneiden, durch die ein Auto hindurchpasst? Begründe deine Antwort.

b) Welchen Umfang hat ein Zylinder von 18,3 m Höhe, dessen Volumen genau so groß ist wie das des Baumstamms.

c) Wie groß ist ein Würfel, der das gleiche Volumen hat wie der Baumstamm?

Zu a)

Der Informationstafel ist zu entnehmen, dass dieser Mammutbaum einen Umfang von 8,9 m hat.

Für den Kreisumfang gilt die Formel $u = 2\pi r$.

Also:
$$8,9 = 2\pi r \quad | : 2\pi$$
$$\frac{8,9}{2\pi} = r \qquad r \approx 1,4 \text{ m}$$

Ein Pkw ist durchschnittlich ca. 2 m breit und 1,5 m hoch. Es ist so möglich, eine Durchfahrt von erforderlicher Breite in den Stamm zu schneiden. Ob der Mammutbaum dann aber noch stabil steht, ist fragwürdig. Die richtige Antwort lautet dennoch: **Ja**.

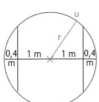

Zu b)

Für das Volumen eines Zylinders mit dem Radius r und der Höhe h gilt: $V = \pi r^2 h$.

Also:
$$50,9 \text{ m}^3 = \pi r^2 \cdot 18,3 \text{ m} \quad | : 18,3 \text{ m}$$
$$2,78 \text{ m}^2 \approx \pi r^2 \quad | : \pi$$
$$0,885 \text{ m}^2 \approx r^2 \quad | \sqrt{}$$
$$0,94 \text{ m} \approx r$$

Dann ergibt sich der Umfang u aus:
$$u = 2\pi r \approx 2\pi \cdot 0,94 \text{ m} \approx \mathbf{5,91 \text{ m}}$$

Zu c)

Für das Volumen eines Würfels mit der Kantenlänge a gilt die Formel: $V = a^3$

Also:
$$50,9 \text{ m}^3 = a^3 \quad | \text{ 3. Wurzel ziehen}$$
$$3,71 \text{ m} \approx a$$

Die Kantenlänge des gesuchten Würfels beträgt etwa **3,71 m**.

---

1 Angebot in einer Internetauktion:

Antiker Schachtisch mit einem Umfang von 2,24 m. Das Schachfeld, an dessen Seiten jeweils die Spielfiguren kunstvoll dargestellt sind, ist umgeben von einer 10 cm breiten Bordüre.

Wie groß ist der Flächeninhalt eines der 64 Quadrate des Schachfelds?

2 Familie Jürgens sucht im Möbelgeschäft einen neuen runden Tisch für ihr 2,10 m breites und 3,50 m langes Esszimmer. Der alte Tisch hat einen Durchmesser von 105 cm, der neue Tisch soll eine doppelt so große Tischfläche besitzen.

Der Verkäufer meint: „Für einen Tisch solcher Größe ist ihr Esszimmer zu klein. Der reicht doch bei ihnen von Wand zu Wand!"

Was meinst du dazu?

Begründe deine Antwort.

3 Abgebildet ist die Halbkurve einer Leichtathletik-Laufbahn.

Wer unmittelbar auf der Innenlinie 1 läuft, legt einen Weg von 90 m zurück.

Die Linien haben einen Abstand von 1,50 m zueinander.

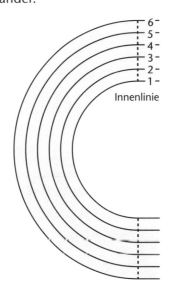

a) Berechne die Laufwege unmittelbar auf den Linien 2, 3, 4, 5 und 6.

b) Berechne den Flächeninhalt des blau unterlegten Laufbereichs.

46 Kajak

Der Club der Wassersportfreunde vermietet 2er-Kajaks zu folgenden Tarifen:

eine Stunde	3 €
jede weitere angefangene Stunde	1 €
Tagespreis	8 €
Ab 5 Stunden gilt der Tagespreis!	

Stelle die Zuordnung *Zeit (in h)* → *Kosten (in €)* im Koordinatensystem dar!

Zunächst überlegt man sich eine günstige Achseneinteilung: z. B. auf der x-Achse zwei Kästchen für eine Einheit (1 h), auf der y-Achse ein Kästchen für eine Einheit (1 €). Entsprechend der Preistabelle wird nun jeder möglichen Mietdauer (z. B. $1\frac{1}{2}$ h) die zugehörige Gebühr zugeordnet.

Innerhalb der ersten angefangenen Stunde bleibt der Mietpreis für das Kajak konstant bei 3 € (siehe ①). Jede weitere angefangene Stunde kostet 1 €. Innerhalb der zweiten angefangenen Stunde muss daher eine Mietgebühr von 4 € bezahlt werden (siehe ②). Entsprechendes gilt für die Teilgraphen ③, ④ und ⑤. Da ab 5 Stunden der Tagespreis von 8 € gilt, bleiben die Kosten ab der 5. Stunde konstant (siehe ⑥).

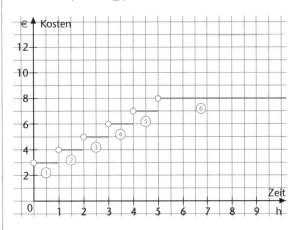

Das Koordinatensystem zeigt nun den bis zur 5. Stunde stufenweisen Anstieg der Mietkosten für ein Kajak.

Achtung:
Die im Graph durch Kreise gekennzeichneten Punkte gehören nicht zum Graphen der Funktion, auf diese Weise wird dargestellt, dass z. B. 1 h Mietdauer 3 € kostet und nicht 4 €.

1 Im Freizeitbad von Olsberg gelten für Schülerinnen und Schüler folgende Eintrittspreise:
• Erste Stunde: 2,50 €
• jede weitere Stunde: 2,00 €

a) Ergänze die fehlenden Angaben in der Wertetabelle.

Aufenthaltsdauer (in min)	Preis (in €)
56	
124	
150	
_____ bis _____	8,50 €

b) Schülerinnen und Schüler, die ihre Mitgliedschaft im örtlichen Schwimmverein nachweisen können, erhalten einen Nachlass von 0,50 € pro Stunde.
Stelle für die ermäßigten Eintrittspreise die Zuordnung *Zeit (in h)* → *Kosten (in €)* im Koordinatensystem dar.

c) Zusätzlich bietet das Freizeitbad eine Schülertageskarte für 8 € an, für die keine Ermäßigung gewährt wird. Ab wann lohnt sich für Mitglieder des Schwimmvereins der Kauf einer Tageskarte?

2 Das folgende Schaubild stellt die Portokosten für Maxibriefe in außereuropäische Länder bis zu einem Gewicht von 1000 g dar.

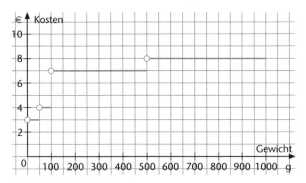

a) Wie viel Euro kostet ein Maxibrief mit einem Gewicht von 100 g, 280 g, 500 g und 800 g?

b) Pia möchte per Post Fotos zu ihrem amerikanischen Brieffreund schicken. Der Brief wiegt 250 g. Pia überlegt, die Fotos in mehreren leichten Maxibriefen zu versenden. Ist das günstiger?

47 Giraffenbaby

Helena (2 Jahre, 90 cm) besucht mit einem größeren Freund den Kölner Zoo. Vor dem Giraffengehege erfahren beide, wie groß ein erwartetes Giraffenbaby etwa sein wird.

a) Wie groß ist etwa Helenas Freund?
b) Schätze die Größe eines Giraffenbabys.
c) Wie groß wird eine ausgewachsene Giraffe, die ähnlich wie Helena wächst?

Die folgenden Maßangaben beziehen sich auf das Foto vorn im Text.

Zu a)

Das Verhältnis der Körpergrößen der beiden Freunde auf dem Foto entspricht dem Verhältnis ihrer Körpergrößen in Wirklichkeit.
Helena ist auf dem Foto 3,2 cm groß, ihr Freund 4,3 cm. Mit dem Taschenrechner bestimmt man also den Faktor k, um den der Freund größer ist als Helena: $k = \frac{4,3}{3,2} \approx 1,34$

Da Helena 90 cm groß ist, ergibt sich für die Größe ihres Freundes 1,34 · 90 cm. **Helenas Freund ist ca. 1,20 cm groß** (genauere Angaben sind nicht sinnvoll).

Zu b)

Das Giraffenbaby ist auf dem Foto 5,8 cm groß. Die Abschätzung erfolgt wie bei Helenas Freund: k = 1,81. Aus 1,81 · 90 cm folgt:
Das **Giraffenbaby** wird etwas größer als **1,60 m** sein.

Zu c)

Wir wissen nicht, wie groß Helena als Erwachsene sein wird. Man kann aber schätzen, dass sie knapp doppelt so groß werden wird, wie sie heute ist.
Wenn die **Giraffe** ähnlich wächst, wird sie ausgewachsen **ungefähr 3,20 m** sein.

1 Wie groß müsste ein Mensch sein, zu dem der abgebildete Daumen passt?

2 Der erste Kanzler der Bundesrepublik Deutschland hieß Konrad Adenauer. Angenommen, man wollte sein Denkmal mit einer ganzen Person errichten – wie groß müsste es sein, wenn der abgebildete Kopf von Adenauer verwendet werden soll?

3 Vor dem Fußballschuh, der in Berlin zur Weltmeisterschaft 2006 aufgestellt wurde, steht die 1,60 m große Melanie. Wie groß müsste eine Fußballspielerin ungefähr sein, der dieser Schuh passen würde?

1 Ordnen

Ordne auf der Zahlengerade an: 0,25   −0,7   0,5 $1\frac{3}{5}$ $\frac{3}{4}$ $-\frac{1}{2}$

2 Quadrat und Rechteck

Der Flächeninhalt eines Quadrats beträgt 36 cm².

a) Berechne den Umfang eines solchen Quadrats.

_____

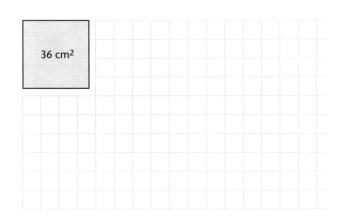

36 cm²

b) Gib die Seitenlängen von zwei Rechtecken an, die ebenfalls einen Flächeninhalt von 36 cm² haben.

(1) a = _____   b = _____

(2) a = _____   b = _____

3 Wahlumfrage

Bei einer repräsentativen Umfrage wurden Wahlberechtigte in Deutschland befragt: „Welche Partei würden sie wählen, wenn am nächsten Sonntag Bundestagswahlen wären?"

CDU/CSU	SPD	F.D.P.	Grüne	Die Linke	Sonstige
698	607	169	165	137	84

a) Wie viel Prozent entfallen nach dieser Wahlumfrage auf die einzelnen Parteien?

CDU/CSU: _____ %   SPD: _____ %

F.D.P.: _____ %   Grüne: _____ %

Die Linke: _____ %   Sonstige: _____ %

Kreisdiagramm:

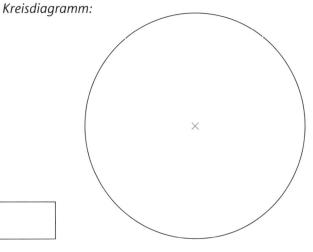

b) Stelle die Anteile in einem Kreis- und in einem Streifendiagramm dar.

Streifendiagramm:

4 Im Koordinatensystem

Was kannst du über den Verlauf des Graphen einer linearen Funktion $y = m \cdot x + b$ aussagen, wenn du weißt, dass $m = -1$ ist?

_____

_____

5 Vergleichen

Setze ein: <, = oder >.

a) $0,5 \cdot (-3)$ ☐ $3 - 0,5$ c) $\sqrt{25} - \sqrt{16}$ ☐ $\sqrt{25 - 16}$ e) $(10 + 20)^3$ ☐ $2,7 \cdot 10^4$

b) $\sqrt{100} \cdot 3,14$ ☐ $31,4$ d) $(123 + 678)^2$ ☐ $123^2 + 678^2$ f) $1,5 \cdot 10^4 \cdot 4 \cdot 10^5$ ☐ $6 \cdot 10^{10}$

6 Ordne zu

In welchen Beispielen erkennst du proportionale (p) oder antiproportionale (a) Zuordnungen? Wo liegt keines von beiden (k) vor? Trage in die rechte Spalte jeweils p, a oder k ein.

1	Anzahl der Brötchen → Kosten der Brötchen	
2	Anzahl gleicher Teilstücke → Länge der Teilstücke bei einer Gesamtlänge von 100 m	
3	Seitenlänge eines Quadrats → Umfang des Quadrats	
4	Größe eines Schwimmbads → Zahl der Freischwimmer im Schwimmbad	
5	Durchschnittsgeschwindigkeit des Rennwagens → Zeit für eine Runde	

7 Dreieck im Koordinatensystem

a) Zeichne das Dreieck $A(1|1)$, $B(4|1)$ und $C(4|5)$ in das gegebene Koordinatensystem.

b) Bestimme den Umfang des Dreiecks.

u = _____

u = _____

c) Spiegele das Dreieck an der Geraden g.

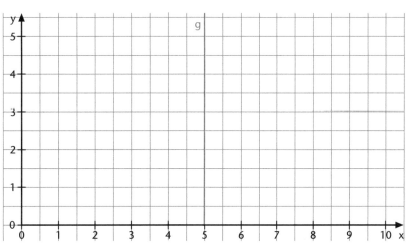

73

8 Überschlag

Von 480 Schülerinnen und Schülern einer Schule spielen 155 ein Instrument. Welcher Anteil ist das etwa? Kreuze zwei Angaben an, die dazu recht gut passen:

(1) ein Zehntel ☐   (5) 30 % ☐

(2) ein Zwanzigstel ☐   (6) 20 % ☐

(3) die Hälfte ☐   (7) 10 % ☐

(4) ein Drittel ☐   (8) 5 % ☐

9 Sportfest

Auf dem Sportfest erzielte Luisa folgende Sprungweiten: 3,75 m   4,10 m   4,25 m
            3,70 m   3,15 m.

a) Wie weit ist Luisa durchschnittlich gesprungen?

_____

_____

b) Wie weit hätte Luisa im fünften Sprung
   springen müssen, um eine durchschnittliche
   Sprungweite von 4 m zu erzielen?

_____

_____

10 Größen ordnen

a) Suche alle Flächen-Angaben heraus.

_____

b) Ordne die Flächen-Angaben. Beginne mit der
   kleinsten Angabe.

_____

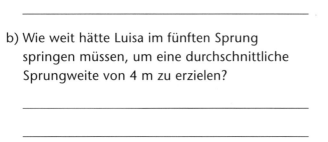

$200\ mm^2$ $10\ l\ (Liter)$ $1\ m^3$

$0,1\ m^2$ $300\ cm$ $1000\ cm^3$

$2,5\ m$ $20\ cm^2$

11 Gleichungen und Graphen

Ordne den Funktionsgleichungen die zugehörigen Graphen (g_1, g_2, …) zu.

$y = x + 1$		$y = -2x^2$	
$y = -x^2$		$y = 0,5x + 1$	
$y = x^2$		$y = -2x + 1$	

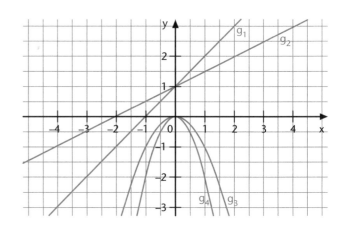

12 Holzkiste

Eine quaderförmige Holzkiste
(4 m lang, 3 m breit, 3 m hoch)
wird zum Versand von Produkten
verwendet.

a) Bestimme die Oberfläche dieser Holzkiste.

b) Zeichne ein Schrägbild.

13 Zahlenpyramide

Über zwei Zahlen steht immer die Summe der
beiden Zahlen. Vervollständige die „Zahlenpyramide" mit passenden positiven oder
negativen Zahlen.

a)

b)

14 Fass

Der Durchmesser eines 80 cm
hohen Fasses beträgt 60 cm.
Wie viel Liter fasst es?
Runde auf Hundertstel.

15 50 % einer Zahl

Welche Terme (Rechenausdrücke) geben genau
50 % einer beliebigen Zahl a an? Kreuze **alle** richtigen Terme an.

TIPP: Setze für a verschiedene Zahlen ein.

(1) $\frac{a}{50}$ ☐   (3) $0{,}5a$ ☐   (5) $\frac{1}{2}a$ ☐

(2) $\frac{50}{100}a$ ☐   (4) $a : 2$ ☐   (6) $\frac{5a}{10}$ ☐

16 Funktionsgleichung

Arbeite mit der Gleichung $y = 20 - 5 \cdot (x - 6)^2$.

a) Welchen Wert hat y für x = 4?

y = _____

b) Für welche x-Werte ist y = 0?

x-Werte: _____

17 Prozente

a) Wie viel sind 30 % von 250 €?

_____

b) Von wie viel Kilogramm sind 5 % genau 10 kg?

_____

c) Wie viel Prozent sind 25 cm von 5 m?

_____

d) Berechne 3 % Zinsen von 620 € Spareinlage.

_____

18 Bergauf

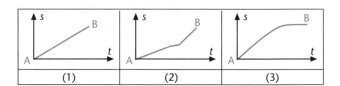

(1)   (2)   (3)

Die abgebildete Skizze zeigt eine Fahrradstrecke vom Start A bis zum Aussichtspunkt B. Welcher der abgebildeten Graphen (1), (2) oder (3) zeigt am ehesten die Zuordnung *Zeit t → Weg s*? Begründe deine Antwort.

_____

_____

_____

_____

_____

_____

_____

19 Würfeln mit einem Quader

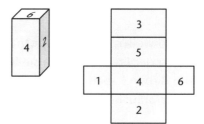

Die Grundflächen des abgebildeten Holzquaders sind Quadrate. Auf den Seitenflächen des Quaders stehen wie bei einem normalen Würfel die Zahlen 1 bis 6.
Mit dem Quader wurde 500-mal gewürfelt und davon 49-mal die Sechs erzielt.

a) Gib einen Näherungswert für die Wahrscheinlichkeit an, die Augenzahl 6 zu würfeln.

_____

b) Schau dir genau das Netz des Quaders an und bestimme auch für die übrigen Augenzahlen 1 bis 5 Näherungswerte für die Wahrscheinlichkeiten.

Augenzahl	1	2	3	4	5	6
Wahrscheinlichkeit						

20 Baumhöhe

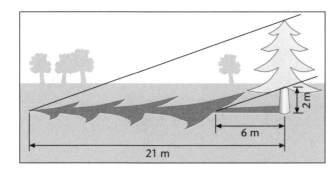

Nele hat an einem Baum und seinem Schatten die Längen gemessen. Wie hoch ist der Baum?

Baumhöhe: _____

21 Rechengeschichten

Welche der folgenden Sachtexte passen zu der Gleichung $x + 0,5x = 30$? Kreuze jeweils an!

1	Eine Lostrommel enthält 30 Lose. Es gibt doppelt so viele Gewinne wie Nieten.	☐ Ja	☐ Nein
2	Robert nimmt sich vor, 30 Tage lang täglich 1 Euro zu sparen. Die Hälfte der Zeit schafft er leider nur 50 Cent zu sparen.	☐ Ja	☐ Nein
3	Für die Gala werden 30 Liter Fruchtbowle bestellt. Zu einer 1-l-Flasche Mineralwasser wird jeweils 0,5 l frischer Fruchtsaft hinzugefügt.	☐ Ja	☐ Nein
4	Max ist nur halb so alt wie sein Bruder. Zusammen sind sie 30 Jahre alt.	☐ Ja	☐ Nein

22 Rezept

Mira und Pedro wollen Birnenkompott kochen.
Beim Abwiegen der Früchte stellen sie fest, dass
sie nur 350 g Birnen haben.
Wie viel Zucker brauchen sie dafür?

Zucker: _____

Rezept für Birnenkompott

* 500 g Birnen schälen, halbieren, entkernen
* 125 cm³ (1/8 Liter) Wasser mit 75 g Zucker zum
  Kochen bringen. Birnen hinein geben, weich
  kochen, abschmecken.
* Kochzeit: 20–30 Minuten

23 Regelmäßiges Sechseck

Das abgebildete *regelmäßige* Sechseck mit den
Eckpunkten ABCDEF ist in verschiedene Teil-
figuren zerlegt.

a) Wie oft passt das Dreieck BCM (Figur ④) in
   das Parallelogramm DEFM (Figur ①)?

   _____

b) Das Dreieck BMG (Figur ③) ist rechtwinklig.
   Wie groß ist der Winkel α?

   _____

c) Figur ② ist ein Trapez mit den Eckpunkten A,
   G, M und F. Wie groß ist der Umfang dieser
   Figur?

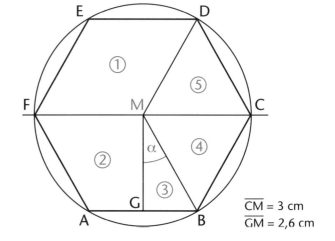

$\overline{CM}$ = 3 cm
$\overline{GM}$ = 2,6 cm

24 Busfahrt

Das Reiseunternehmen „Grenzenlos" bietet Busfahrten nach Paris an. Die Abbildung zeigt die Tankfüllung des Reisebusses während der Fahrt von Köln (**K**) nach Paris (**P**).

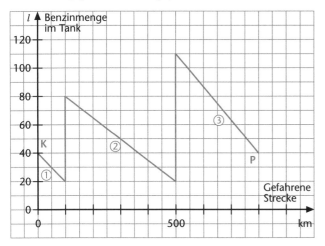

a) Wie oft wurde angehalten, um zu tanken?

_____

b) Wie groß ist die Entfernung von Köln nach Paris ungefähr?

_____

c) Auf welcher Teilstrecke ①, ② oder ③ war der Benzinverbrauch pro 100 km am größten?

_____

d) Wie viel Liter Benzin verbrauchte der Bus auf der gesamten Fahrt?

_____

25 Lotterie

Die 2000 Lose einer Lotterie auf einer Wohltätigkeitsveranstaltung setzen sich wie in dem Kasten rechts beschrieben zusammen.
Ein Los kostet 0,50 €.

a) Die Lotterieveranstalter werben mit der Aussage „Jedes fünfte Los ist ein Gewinn". Stimmt das? Begründe.

_____

_____

b) Es wurden alle 2000 Lose verkauft. Berechne den Gewinn des Lotterieveranstalters.

_____

80 % Nieten, 18 % Trostpreise im Wert von je 0,60 €, 1,5 % Preise im Wert von je 5,00 € und für die restlichen Lose gibt es Hauptpreise im Wert von je 30 €.

26 Taschengeld für den Urlaub

Mira kann im Urlaub 10 Tage lang täglich 4,50 € von ihrem Taschengeld ausgeben. Wie viel kann sie täglich ausgeben, wenn sie in nur 6 Urlaubstagen so viel Geld ausgeben möchte?

Schreibe einen Antwortsatz. _____

27 Kreisförmige Tischdecke

Auf einem kreisförmigen Tisch befindet sich eine kreisförmige Tischdecke. Die Decke hängt so über die Tischkante, wie es die Zeichnung zeigt.

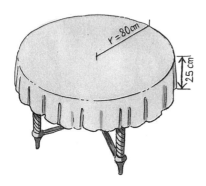

a) Wie viel m² ist die Tischdecke groß?

_____

b) Wie viel Prozent der Tischdecke liegen auf dem Tisch?

_____

28 Gleichungssystem

In der Cafeteria der Brüder-Grimm-Schule bezahlt man Pfand für benutzte Gläser und Flaschen. Karim erhielt für 3 Flaschen und 5 Gläser 3 € Pfand zurück. Xenia bekam für 5 Flaschen und 12 Gläser 7,10 € zurück. Wie hoch ist das Pfand für Flaschen und Gläser?

29 Musik aus dem Netz

Verschiedene Online-Händler bieten Musiktitel zum Download an.

a) Stelle die verschiedenen Angebote im Koordinatensystem dar.

b) Wie lautet die Funktionsgleichung für das Angebot von SONGLOAD?

 y = _____.

c) Mira möchte 8 Songs kaufen. Für welchen Anbieter sollte sie sich entscheiden? Begründe deine Empfehlung.

_____

_____

_____

_____

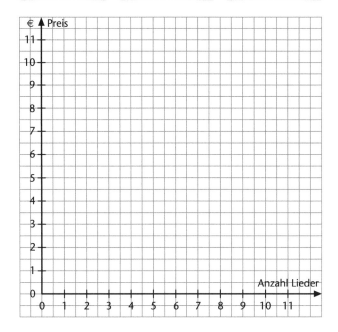

MUSICPOINT
Jedes Lied:
1 €

Poolmusic
Pro Song: **1,25 €**
Der erste Song gratis!
Mindestbestellmenge: 2 Lieder

SONGLOAD
Jedes Lied: **0,75 €**
Gebühr pro Bestellung:
2,50 €

30 Agenturmeldung

„6 Prozent aller Münchner Theaterkarten sind Freikarten. Kurz gesagt: Jede 6. Karte eine Freikarte!"

Die Meldung ist fehlerhaft. Was ist falsch?

_____

_____

_____

31 Unfälle auf dem Schulweg

Eine Zeitung berichtet über Unfälle von Schülerinnen und Schülern auf dem Schulweg.

a) Die Zeitung meldet zu der nebenstehenden Statistik: „Von allen, die auf dem Schulweg mit dem Rad verunglücken, sind 70 % Jungen." Stimmt das? Begründe mit einer Rechnung.

_____

_____

b) Die Zeitung meldete auch: „Jungen sind beim Radfahren gefährdeter als Mädchen." Erlaubt die Statistik diese Aussage? Begründe.

_____

_____

_____

	Schulweg mit Fahrrad	davon verunglückten
Jungen	1000	140
Mädchen	300	60

81

32 Punktmuster

Die Anzahl der Punkte in den Quadratmustern
kannst du auf verschiedene Arten zählen.

a) Prüfe die Gleichungen, die neben den ersten
   beiden Quadratmustern stehen. Ergänze die
   Gleichung neben dem 3. Muster.

b) Schreibe eine ähnliche Gleichung auf für ein
   solches Quadratmuster mit 11 Punkten in jeder
   Reihe.

_____

_____

(1) ○ ●
    ● ○ $2^2 = 1 + 2 + 1 = 2 \cdot 1 + 2$

(2) ○ ● ○
    ● ○ ● $3^2 = 1 + 2 + 3 + 2 + 1 = 2 \cdot (1 + 2) + 3$
    ○ ● ○

(3) ○ ● ○ ●
    ● ○ ● ○ $4^2 = 1 + 2 + 3 + 4 + 3 +$ _____
    ○ ● ○ ●
    ● ○ ● ○

33 Bildschirmdiagonale

Gerät	Bildschirmbreite	Bildschirmhöhe
A	56,0 cm	42,0 cm
B	40,8 cm	30,6 cm

Der Bildschirm hat eine Diagonale von 70 cm.
Welches der Geräte ist es? Begründe rechnerisch.

34 Flugzeug

Nach 26,3 km Flug befindet sich das Flugzeug
über A - Dorf. In welcher Höhe überfliegt es das
Dorf und mit wie viel Prozent Steigung im Durchschnitt ist es aufgestiegen?

Höhe über A-Dorf: _____

Steigung: _____

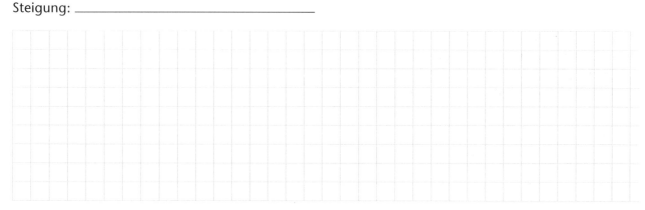

A - Dorf   Start
          25,7 km

35 Sektglas

Wie verändert sich das Volumen
des nebenstehend abgedruckten
Sektglases, wenn man seine Höhe
und seinen Radius verdoppelt?
Schreibe auf, wie du rechnest.

36 Säulentrommel

In Selinunt (Sizilien) stand vor fast 2500 Jahren
ein griechischer Tempel. Seit seiner Zerstörung
liegen auch heute noch Säulentrommeln aus mas-
sivem Gestein im ehemaligen Tempelbereich.

a) Schätze die Maße der Säulentrommel:

Durchmesser: _____ Höhe: _____

b) 1 m³ Säule wiegt etwa 2 t.
Wie schwer ist etwa die Säulentrommel?
Rechne mit deinen Schätzwerten aus a).

Masse: _____

37 Füllungen

Ein quaderförmiger Behälter, dessen Volumen
64 000 cm³ beträgt, wird gleichmäßig mit einer
Flüssigkeit gefüllt. Nach 160 Minuten ist der
Behälter voll.

a) Wie viel cm³ Flüssigkeit fließen pro Minute in
den Behälter?

_____

b) Welche Innenmaße (a, b und c) könnte ein
solcher Behälter haben? Vervollständige die
Tabelle.

	Länge a	Breite b	Höhe c
Körper I	80 cm	40 cm	
Körper II	50 cm	16 cm	

c) Stelle die Füllvorgänge im Koordinatensystem
dar, indem du für jeden der zwei Körper den
Graph der Funktion
Zeit (in min) → *Füllhöhe (in cm)* skizzierst.

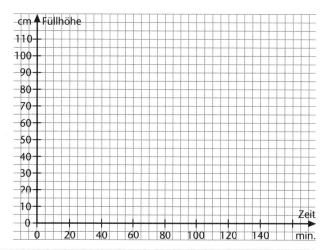

38 Lösungsmethoden

a) Alex und Bea sollen die Gleichung
$5 \cdot (x - 3) \cdot (x + 9) = 0$ lösen.
Alex meint: „Ich löse zuerst die Klammern auf,
dann löse ich die quadratische Gleichung." Bea
sagt: „Eine Lösung ist -9 und die andere sehe
ich auch sofort." Bewerte die Vorschläge von
Alex und Bea. Schreibe deinen Rechenweg auf
und gib die Lösungen an.

Lösungen: _____

b) Löse die Gleichung $2x^2 - 6x = 20$.

Lösungen: _____

Lösungsweg für $5 \cdot (x - 3) \cdot (x + 9) = 0$

39 Body-Mass-Index

Ob das Gewicht im Lot ist,
lässt sich mit Hilfe des Body-
Mass-Index (BMI) errechnen.
Dabei muss man das Gewicht
(gemessen in kg) durch das
Quadrat der Körpergröße
(gemessen in m) dividieren.
Ein BMI von 19 bis 25 be-
deutet Normalgewicht.

a) Wie viel Prozent der 35- bis
40-jährigen Männer und Frau-
en haben Übergewicht?

Männer: _____

Frauen: _____

Auf der Waage

Im Alter von...
bis...
Jahren

Von je 100 Deutschen haben Übergewicht (nach dem Body-Mess-Index)

Männer Frauen

Im Alter von... bis... Jahren	Männer	Frauen
75 und älter	60	48
70 bis 75	70	62
65 bis 70	74	61
60 bis 65	72	55
55 bis 60	71	52
50 bis 55	68	49
45 bis 50	64	41
40 bis 45	58	34
35 bis 40	53	29
30 bis 35	48	26
25 bis 30	40	23
20 bis 25	25	16
18 bis 20	17	12
alle	58	41

L & P / 2656   Quelle: Statistisches Bundesamt   Stand: April 2004

b) In welcher Altersgruppe ist das Übergewicht am größten?

(1) bei den Männern: _____   (2) bei den Frauen: _____

c) Berechne den Body-Mass-Index für eine Person, die 1,78 m groß und 73 kg schwer ist.

_____

d) Herr Meyer hat für sich einen BMI von 27 berechnet. Er wiegt 95 kg. Berechne, wie viel kg er mindestens abnehmen muss, um kein Übergewicht mehr zu haben.

_____

40 Zahnradbahn

Als Ingenieur Eduard Locher im 19. Jahrhundert die Idee hatte, eine Bahn auf den Pilatus zu bauen, hielten ihn viele für verrückt. Doch 1889 wurde die 4270 m lange Bahnstrecke von Alpnachstad nach Pilatus Kulm eröffnet (Dampfbetrieb bis 1937) – die bis heute steilste Zahnradbahn der Welt. Sie überwindet zwischen den beiden Orten einen Höhenunterschied von 1629 m. Wie weit sind auf einer Landkarte im Maßstab 1:25 000 Alpnachstad und Pilatus Kulm voneinander entfernt?

41 Kapitalvermehrung

Ein Kapital von 10 000 € wird zu 6 % fest angelegt. Nach ca. 7 Jahren ist das Kapital auf 15 000 € angewachsen. Nach wie vielen Jahren wird sich das Kapital auf 20 000 € verdoppelt haben? Kreuze an und begründe mit einer Rechnung.

☐ nach ca. 14 Jahren ☐ nach ca. 20 Jahren

☐ nach ca. 12 Jahren ☐ nach ca. 9 Jahren

42 Parkhaus

Am Kassenautomat eines Parkhauses gibt ein Aufkleber Auskunft über die Parkgebühren.

Parkdauer	Gebühr
die ersten 60 Minuten	kostenlos
jede weitere angefangene Stunde	2,50 €

a) Herr Schulz bezahlt 5 €. Wie lange hat er geparkt?

b) Frau Siebert stöhnt: „Wäre ich um 14.15 Uhr statt um 14.20 Uhr zum Kassenautomat gekommen, hätte ich nur 2,50 € gezahlt!" Wann löste Frau Siebert ihren Parkschein?

43 Litfaßsäule

Eine Litfaßsäule ist eine Anschlagsäule, an die Plakate geklebt werden können. Das Bild zeigt die erste Litfaßsäule, die vor über 150 Jahren von dem Berliner Drucker Ernst Litfaß erfunden wurde, der sich über die wahllos an die Wände geklebten Plakate ärgerte. Schätze die Maße im Bild und berechne damit die Werbefläche der Litfaßsäule.

44 Fahne

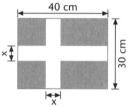

Sara und Tarek nähen eine blaue Fahne mit weißem Kreuz.

a) Wie viel Prozent der Fahne sind weiß, wenn die weißen Streifen 2 cm breit sind? Weiß: _____

b) Prüfe, ob beide Terme die weiße Fahnenfläche richtig berechnen: Sara: $30x + 40x - x^2$
Tarek: $40 \cdot 30 - (40 - x) \cdot (30 - x)$

c) Für die blaue Fläche gilt $A = 1200 - 70x + x^2$. Wie breit müssen die weißen Streifen sein, damit die blaue Fahnenfläche 816 cm² ist?
x = _____

d) Skizziere den Graphen zur Funktionsgleichung $y = x^2 - 70x + 1200$.

45 Wohnmobil

Für die kommenden Sommerferien plant Familie Wiener drei Wochen (21 Tage) lang mit dem Wohnmobil Südfrankreich zu erkunden. Die geplante Reiseroute umfasst etwa 2500 km. Welches der drei Angebote würdest du Familie Wiener empfehlen? Begründe.

Die Angebote von drei Verleihfirmen lauten:

	Mietgebühr pro Tag	€ pro gefahrene Kilometer
Firma A:	20 €	0,20 €
Firma B:	30 €	0,10 €
Firma C:	32 €	0,05 €

46 Riesen-Bovist

Robert Dietrich im sächsischen Flößberg liegt mit einem Zollstock vor einem Riesen-Bovist. Obwohl der Pilz für mehrere Mittagessen reichen würde, bleibt das seltene Exemplar zur Besichtigung auf der Wiese stehen.

Malte, Erik und Luca berechnen näherungsweise das Volumen des Bovisten. Dabei nutzt jeder der drei ein anderes Vorgehen.

Malte meint: „Das ist 0,4 m · 0,4 m · 0,4 m, also $(0{,}4\ \text{m})^3$."

Erik entgegnet: „Ich rechne $\pi \cdot (0{,}2\ \text{m})^2 \cdot 0{,}3\ \text{m}$."

Luca sagt: „Ich rechne $\frac{4}{3}\pi \cdot (0{,}2\ \text{m})^3$. Dieses Ergebnis teile ich dann noch durch 2."

An welche Körperformen haben diese Schüler jeweils gedacht? Welches Ergebnis erhalten sie jeweils?

Malte:

Erik:

Luca:

47 Sonderpreis

In einer Verkaufsaktion wird der Preis für ein Mofa von 1500,– € um 15 % gesenkt. Bei Barzahlung gibt es noch einen Rabatt von 3 % auf den gesenkten Preis.

a) Mit welchen Methoden (1), (2), (3) wird der Mofapreis bei Barzahlung richtig berechnet?

Methoden: _____

b) Was kostet das Mofa bei Barzahlung?

(1) Man berechnet 15 % von 1500,– € und subtrahiert das Ergebnis von 1500,– €.

(2) Man berechnet 85 % von 1500,– € und zieht davon noch 3 % ab.

(3) Den Preis bei Barzahlung kann man so berechnen: 1500 € · 0,85 · 0,97.

Preis: _____

48 Behälter mit Kugeln

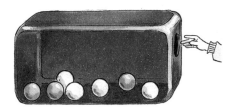

In einem Behälter sind 3 blaue und 4 weiße Kugeln. Marc schlägt Björn folgendes Spiel vor:

„Du darfst verdeckt nacheinander zwei Kugeln ziehen, ohne die zuerst gezogene Kugel in den Behälter zurückzulegen. Du gewinnst, wenn die beiden Kugeln die gleiche Farbe haben, sonst gewinne ich."

Zeichne ein Baumdiagramm und berechne die Gewinnchancen.

Baumdiagramm:

Gewinnchance für Marc: _____

Gewinnchance für Björn: _____

Aufgaben des Haupttermins 2008

(Die Pflichtaufgaben müssen alle gerechnet werden. Von den Wahlaufgaben sind zwei Aufgaben zu bearbeiten. Die Bearbeitungszeit beträgt 135 Minuten)

Erlaubte Hilfsmittel sind: Geodreieck und Zirkel, ein nicht programmierbarer und nicht grafikfähiger Taschenrechner und ein Formelsammlung ohne Musterbeispiele und persönliche Anmerkungen.

Pflichtaufgaben

Aufgabe P 1

Ordne den Zahlen 0,06 und $\frac{1}{4}$ den zugehörigen Buchstaben zu.

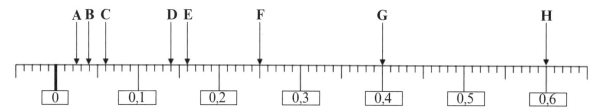

Aufgabe P 2

Löse die Klammer auf und fasse zusammen: $2 - 3 \cdot (4 - a) = $ _____

Aufgabe P 3

Im Rechteck ABCD ist der Punkt S die Mitte der Seite $\overline{CD}$. Verbindet man S mit den Eckpunkten A und B, so entsteht das Dreieck ABS.

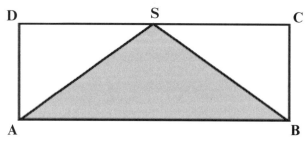

Diana behauptet: „Der Flächeninhalt des Dreiecks ABS ist halb so groß wie der Flächeninhalt des Rechtecks ABCD."

Hat Diana Recht?

Begründe deine Antwort. Du kannst deine Begründung mit einer Skizze ergänzen.

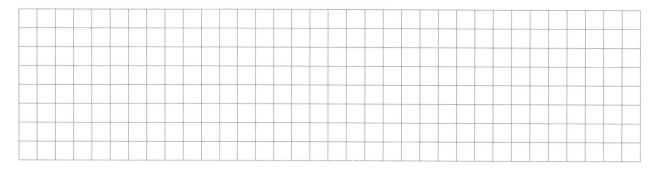

Aufgabe P 4

Mit dieser Formel kann man bei gegebenem Kapital K und Zinssatz p% die Zinsen für m Monate berechnen:

$$Z = K \cdot \frac{p}{100} \cdot \frac{m}{12}$$

P 4.1
Berechne die Zinsen für ein Kapital von 5 000 €
bei einem Zinssatz von 2,5% nach 4 Monaten.
Runde das Ergebnis auf Cent.

Zinsen: _____

P 4.2
Stelle die oben beschriebene Zinsformel nach K um:

K = _____

P 4.3
Die Formel für die Zinsberechnung wurde nach m umgestellt:

$$m = \frac{Z \cdot 100}{K} \cdot \frac{12}{p}$$

Schreibe eine selbst ausgedachte Aufgabe ähnlich wie in P 4.1 auf, die man mit Hilfe dieser Formel lösen kann.

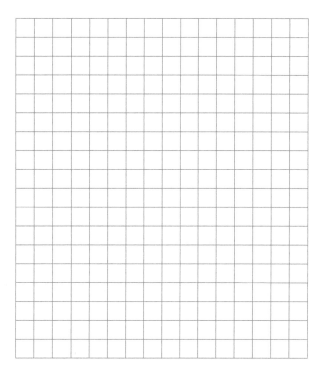

Aufgabe P 5

15. Februar 2007

Prognose bestätigt: Heizkosten stiegen um 21,6 Prozent!

Die unerfreuliche Prognose zur Entwicklung der Heizkosten in der Saison 2005/2006 hat sich bestätigt: Die Heizkosten für eine 69 Quadratmeter große Wohnung stiegen von 500 € auf 608 €, also um 108 € an.

http://www.techem.de/Deutsch/Presse/Pressemeldungen/Produkte_
und_Verbraucherinfos/Heizkosten-Analyse_2005-2006/index.phtml

Überprüfe die Behauptung in der Titelzeile des Zeitungsartikels durch eine Rechnung.
Formuliere eine Antwort.

_____

_____

_____

Aufgabe P 6

In einer Talkshow im Fernsehen äußern sich die Teilnehmer zu dieser Grafik

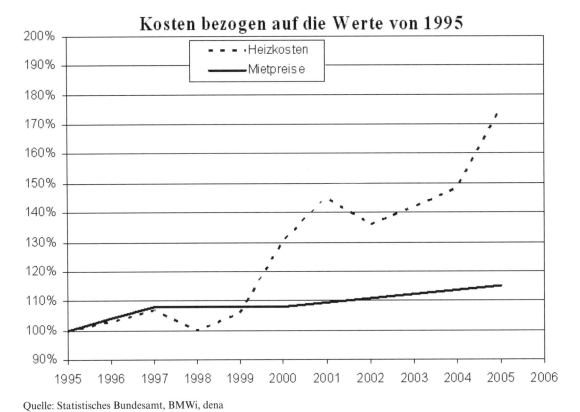

Quelle: Statistisches Bundesamt, BMWi, dena

P 6.1

Nicht alle der folgenden Äußerungen stimmen mit der Grafik überein.
Entscheide für jede Aussage, ob sie richtig oder falsch ist.

A	Die Heizkosten sanken 1998 wieder auf die Höhe von 1995.
B	Die Heizkosten sind jedes Jahr gestiegen.
C	Die Heizkosten sind von 1995 bis 2004 ungefähr auf das 1,5-fache angestiegen.
D	Die Mieten stiegen von 1995 bis 2005 um ca. 15%.

A: _____

B: _____

C: _____

D: _____

P 6.2

Einer der Teilnehmer äußert: „Man kann an der Grafik ablesen, dass die Heizkosten und die Mietkosten im Jahr 1995 gleich hoch waren."
Begründe kurz, warum man diese Aussage nicht der Grafik entnehmen kann.

_____

_____

Aufgabe P 7

Der PKW-Verkehr belastet die Umwelt in Deutschland
jährlich mit ungefähr 100 Millionen Tonnen CO_2 bei einem
durchschnittlichen Benzinverbrauch von 8 Liter.

P 7.1

Um die Schadstoffmenge zu verringern, fordern politische
Parteien ein Auto, das nur 5 Liter verbraucht (5 Liter-Auto).
Wie viele Tonnen CO_2 lassen sich einsparen, wenn der Durch-
schnittsverbrauch von 8 Liter auf 5 Liter gesenkt wird?
Gib das Ergebnis gerundet auf Millionen Tonnen an.

Antwort: _____

P 7.2

Der alte PKW von Familie Bauer verbraucht durchschnittlich 7 Liter Benzin. Eine Tankfüllung reicht für 550 km. Frau
Bauer schlägt vor, einen neuen Wagen zu kaufen, der nur
noch 5 Liter Benzin verbraucht.
Wie viele Kilometer kann der neue Wagen mit einer Tankfüllung fahren, wenn die Tanks beider Wagen gleich groß sind?

Antwort: _____

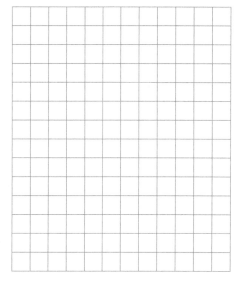

Aufgabe P 8

Ein Swimmingpool ist 8 m lang, 4 m breit und hat
eine gleichmäßige Tiefe von 2 m.

Quelle: home.online.no

P 8.1

Zeichne ein Schrägbild des Pools in einem geeigneten
Maßstab. Zeichne alle Kanten und trage die Maße
des Pools in deine Zeichnung ein.

P 8.2

Ein anderer Swimmingpool ist ebenfalls 8 m lang und 4 m
breit. Er ist jedoch nicht überall gleich tief. An der einen Seite
ist er 0,80 m tief und fällt dann bis zur gegenüberliegenden
Seite gleichmäßig auf 2,00 m Tiefe ab (siehe Ansicht einer
Seitenfläche.)

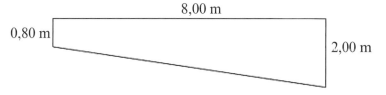

Wie viele Kubikmeter Wasser fasst der Pool, wenn er bis
zum Beckenrand gefüllt ist?

Antwort: _____

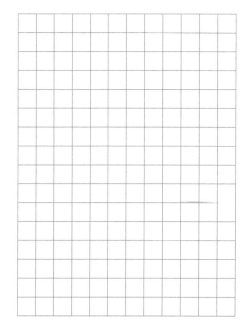

Aufgabe P 9

Im Schaufenster einer Autovermietung hängt folgende Tabelle:

Rent a Flizzy	Grundpreis pro Tag	Preis pro Kilometer
MiniRent Flizzy 455 (max. 4 Pers.)	49,80 EURO	0,25 EURO
MaxiRent Flizzy 457 (max. 5 Pers.)	75,25 EURO	0,12 EURO

P 9.1

Wie hoch sind die Kosten für eine Tagesfahrt von 180 km mit dem Tarif MiniRent?

Antwort: ─────────────────

P 9.2

Frau Müller hatte einen Wagen nach dem Tarif MiniRent gemietet und musste 107,30 € zahlen. Wie viele Kilometer ist sie gefahren?

Antwort: ─────────────────

P 9.3

Stelle für beide Tarife MiniRent und MaxiRent eine Gleichung zur Berechnung der Gesamtkosten y in Abhängigkeit von der Anzahl der gefahrenen Kilometer x auf.
Schreibe in der Form

$y =$ ─────────────────

P 9.4

Ab wie vielen Kilometern ist der Tarif MaxiRent günstiger als der Tarif MiniRent? Runde das Ergebnis auf ganze Kilometer und formuliere einen Antwortsatz.

Bemerkung: Es gibt verschiedene Möglichkeiten, die Lösung zu finden. Man muss erkennen können, wie du die Lösung gefunden hast.

Antwort: ─────────────────

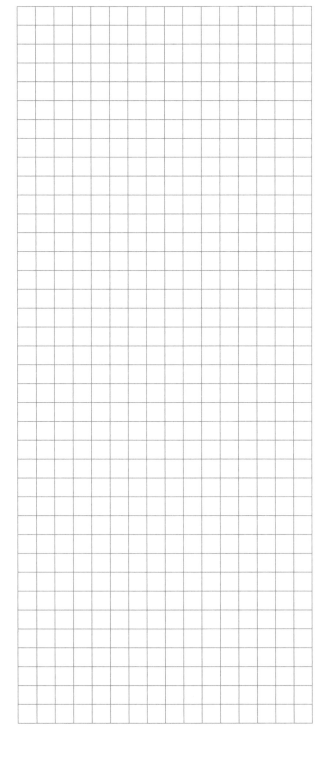

Wahlaufgaben

Aufgabe W 1

Frau Krämer möchte ein Regal in eine Dachschräge wie in der Abbildung einbauen.

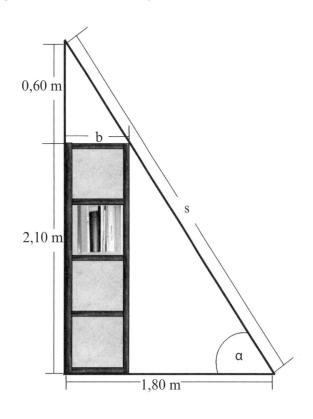

W 1.1
Berechne die Länge der Dachschräge s.
Runde auf Zentimeter.

s = _____

W 1.2
Berechne die Breite b des Regals.

b = _____

W 1.3
Berechne die Größe des Winkels α.
Runde auf Grad.

α = _____

W 1.4
Ergänze entsprechend der Angaben in der Abbildung die Gleichungen.

W 1.4.1 $\sin \alpha = \dfrac{2{,}70 \text{ m}}{}$

W 1.4.2 $\tan \alpha = \dfrac{}{b}$

Aufgabe W 2

Die Beleuchtungsstärke ist ein Maß für
die Helligkeit und wird in Lux gemessen.
Auf einem See beträgt die Beleuchtungsstärke an der Oberfläche 5000 Lux.
Im See verringert sich die Beleuchtungsstärke pro Meter Wassertiefe mit dem
Faktor 0,8.

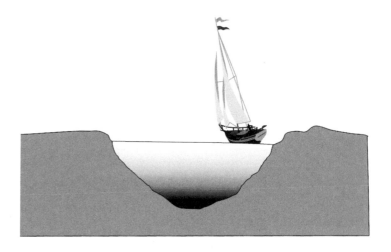

W 2.1

Berechne die Beleuchtungsstärke in 1 m und in 3 m Wassertiefe.

Beleuchtungsstärke: _____

W 2.2

Schreibe einen Term zur Berechnung der Beleuchtungsstärke
nach n Metern auf.

_____

W 2.3

Ein Taucher will in 20 m Tiefe mit einer Kamera filmen, die
mindestens 50 Lux benötigt. Berechne, ob er in dieser Tiefe
noch filmen kann. Formuliere einen Antwortsatz.

Antwort: _____

W 2.4

In welcher Wassertiefe ist nur noch eine Beleuchtungsstärke von 140 Lux vorhanden? Runde das Ergebnis auf ganze
Meter.

Antwort: _____

W 2.5

In einem anderen See nimmt die Beleuchtungstärke durch das
trübere Wasser pro Meter um 25 % ab. Klaus behauptet, dass
die Beleuchtungstärke dann in 4 m Wassertiefe auf den Wert 0
gesunken ist. Erkläre, warum diese Aussage nicht richtig ist.

_____

_____

_____

Aufgabe W 3

www.avv.de

Der Benzinverbrauch eines PKW hängt stark von seiner Geschwindigkeit ab. Diese Abhängigkeit lässt sich für den PKW Folo im 5. Gang ab 80 km/h annähernd durch die folgende Funktionsgleichung beschreiben.

$$y = 0{,}0004\, x^2 - 0{,}03\, x + 5$$

Dabei sind die Geschwindigkeit x in km/h und der Benzinverbrauch y in Liter pro 100 km angegeben.

W 3.1
Berechne den Benzinverbrauch y bei einer Geschwindigkeit von x = 130 km/h.

W 3.2
Welcher der folgenden Graphen passt zu der Funktionsgleichung
$y = 0{,}0004\, x^2 - 0{,}03\, x + 5$

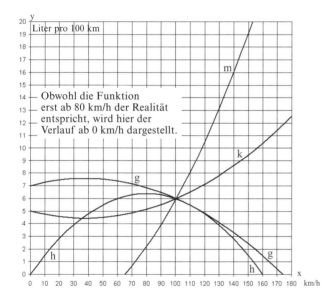

W 3.3
Berechne, bei welcher Geschwindigkeit x der Folo einen Verbrauch von y = 6 Liter pro 100 km hat. Formuliere einen Antwortsatz.

Antwort: _____

W 3.4
Begründe, warum die Funktionsgleichung
$y = -0{,}0004\, x^2 - 0{,}03\, x + 5$
nicht den Benzinverbrauch eines PKW (ab einer Geschwindigkeit von 80 km/h im 5. Gang) beschreiben kann.

_____

_____

Aufgabe W 4

Bei Neubauten werden die Fußböden in der Regel aus Estrich gegossen. Der Estrich wird als Pulver in Silos (siehe Bild) geliefert. Das Estrichpulver wird mit Wasser zu einer fließfähigen Masse vermischt, die dann auf den Boden der Räume gepumpt wird. Herr Becker möchte im Rohbau eines Hauses auf einer Fläche von 160 m² den Estrich 5 cm dick auftragen. Er versucht zu schätzen, ob eine Silofüllung ausreichen wird.

W 4.1
Wie viel Kubikmeter Estrich benötigt Herr Becker für das Haus?

1 m³ Trockenmasse (Pulver) ergibt auch 1 m³ fertigen Estrich!

W 4.2
Reicht der Inhalt des bis zum Rand gefüllten Silos für die benötigte Estrichmenge?
Schätze die für eine Rechnung notwendigen Maße und berechne.
Formuliere einen Antwortsatz.

Antwort: _____

W 4.3
Herr Becker schätzt, dass der kegelförmige Teil des Silos halb so hoch ist wie der zylinderförmige Teil. Er meint: „In den kegelförmigen Teil passen 3 m³ Estrich."

W 4.3.1
Wie viel m³ Estrich passen dann in den zylinderförmigen Teil? Kreuze an.

6 m³ ☐   9 m³ ☐   12 m³ ☐   18 m³ ☐   24 m³ ☐

W 4.3.2
Begründe deine Antwort mit den Formeln für den Kegel und den Zylinder.

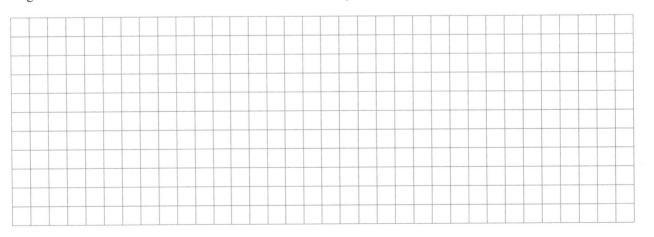

Aufgabe W 5

Otto steht vor einem Spielautomaten mit zwei Glücksrädern. Um eine Spielrunde zu starten, werden die Räder zum Rotieren gebracht. Jedes Feld auf den Glücksrädern hat die gleiche Wahrscheinlichkeit, beim Stillstand im Sichtfenster zu erscheinen. Nach dem Stillstand erkennt man im Sichtfenster eine zweistellige Zahl (im Bild die 32).

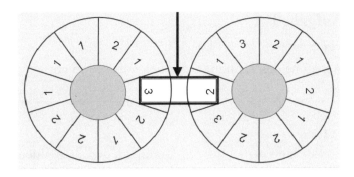

W 5.1.

Wie hoch ist die Wahrscheinlichkeit, dass rechts im Sichtfenster die „2" erscheint?

W 5.2.

Berechne die Wahrscheinlichkeit dafür, dass im Sichtfenster die Zahl „13" erscheint.

W 5.3

Wie hoch ist die Wahrscheinlichkeit, dass die beiden Ziffern im Sichtfenster gleich sind?

W 5.4

Bei jedem Spiel mit dem Automaten ist ein Einsatz von 20 Cent zu zahlen. Erscheint die Glückszahl „32", so wirft der Automat 3 Euro aus, bei den anderen Zahlen geschieht nichts. Die Wahrscheinlichkeit, dass im Sichtfenster die Glückszahl „32" erscheint ist $P = \frac{1}{20}$.
Otto spielt 100-mal.

Hat Otto am Ende seiner Spiele einen Gewinn oder einen Verlust zu erwarten?
„Gewinn" bedeutet, dass Otto mindestens seinen Einsatz von 20 € gewinnt. „Verlust" bedeutet, dass der Automat weniger als 20 € auswirft.
Begründe deine Antwort.

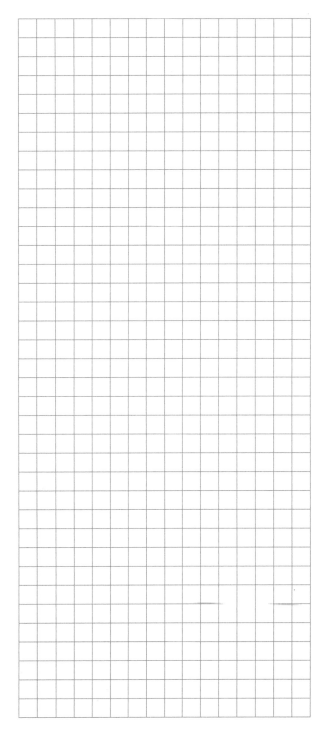

Aufgaben des Haupttermins 2007

Aufgabe P 1

P 1.1
Berechne den Umfang u für den Wert x = 5 cm.

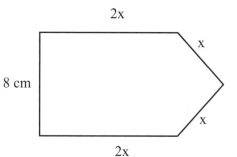

P 1.2
Stelle eine Formel für den Umfang u der abgebildeten
Fläche auf.

P 1.3
Der Umfang einer anderen Fläche lässt sich mit
der Formel u = 12x + 6 cm berechnen.
Berechne x, wenn der Umfang u den Wert 30 cm hat.

Aufgabe P 2

P 2.1
Welche der folgenden Funktionsgleichungen
gehört zu der Geraden g?

y = 2x + 4
y = 4x + 2
y = –2x + 4
y = – 4x + 2
y = – 2x – 4

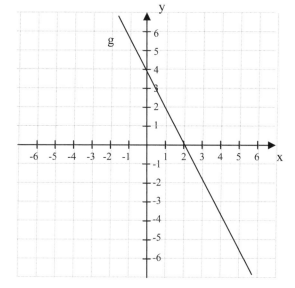

y = _____

P 2.2
Es gibt viele Funktionen, deren Graphen
durch den Punkt P (2 | 3) verlaufen.
Gib die Gleichung einer möglichen Funktion an.
Tipp: Du kannst einen Funktionsgraphen in das
Koordinatensystem von P 2.1 einzeichnen.

Gleichung: _____

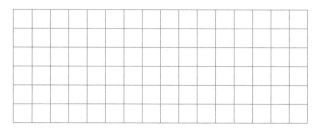

98

Aufgabe P 3

Löse das Gleichungssystem:

$$\begin{vmatrix} 2x + y &= 11 \\ 3x + 2y &= 19 \end{vmatrix}$$

Aufgabe P 4

Aus einem massiven, zylindrischen Eisenstück wird
ein Kegel mit gleichem Radius und gleicher Höhe
herausgebohrt (siehe Abbildung).

P 4.1

Welches Volumen hat der Restkörper? Runde das Ergebnis und
Zwischenergebnisse auf zehntel cm³.

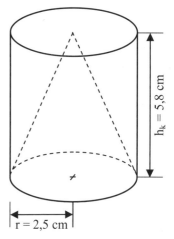

$h_k = 5{,}8$ cm

$r = 2{,}5$ cm

P 4.2

Pascal behauptet: „Egal wie groß r und h_k sind, es wird
immer ein Drittel des Zylinders herausgebohrt."
Hat Pascal Recht? Begründe.

Antwort: _____

_____

_____

Aufgabe P 5

Ein Rechteck hat den Flächeninhalt A = 36 cm².

P 5.1

Nenne alle passenden Werte für die Seitenlängen a und b in Zentimetern, bei denen a und b
ganze Zahlen sind.
Gib deine Ergebnisse in Form einer Tabelle wie abgebildet an.

a (in cm)			
b (in cm)			

P 5.2

Ist die Zuordnung Seitenlänge a → Seitenlänge b
     • proportional,
     • antiproportional,
     • weder proportional noch antiproportional?
Begründe deine Antwort.

Antwort: _____

_____

_____

Aufgabe P 6

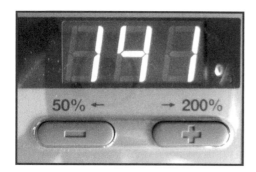

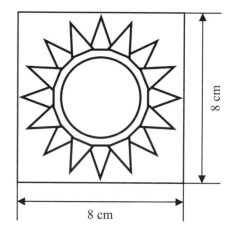

(Bedienfeld eines Kopierers)

Bruni will das quadratische Bild vergrößern.
Sie stellt den Kopierer auf 141% ein. Dies bedeutet,
dass alle Strecken um 41% vergrößert werden.

P 6.1
Berechne die Seitenlänge der Kopie.

Antwort: _____

P 6.2
Berechne die Flächeninhalte des Originals und der Kopie.

Antwort: _____

Um wie viel Prozent ist der Flächeninhalt der Kopie größer
als der Flächeninhalt des Originals?
Runde auf ganze Prozent und formuliere einen Antwortsatz.

Antwort: _____

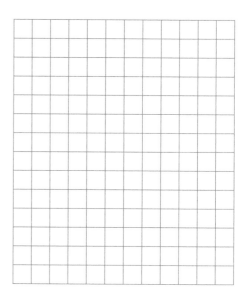

Aufgabe P 7

Auf einer Landkarte sind drei Sendestationen A, B und C
eingezeichnet. A ist 6,3 km von B entfernt. C ist 8,4 km
von B und 10,5 km von A entfernt.

P 7.1
Zeichne die Lage der Sendestationen in einem geeigneten
Maßstab und bezeichne die Punkte mit A, B und C.

P 7.2
Gib an, welchen Maßstab du benutzt hast.
Schreibe: 1 : ...

Antwort: _____

P 7.3
Überprüfe durch Rechnung, ob das Dreieck ABC
rechtwinklig ist. Formuliere eine Antwort.

Antwort: _____

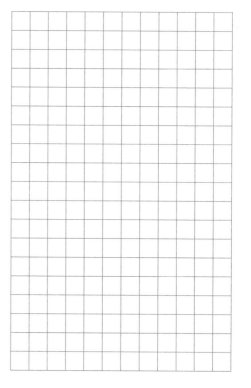

Aufgabe P 8

Familie Braun startet um 10.00 Uhr mit vollem Tank von Frankfurt zu dem 700 km entfernten Flensburg.
Das unten stehende Diagramm beschreibt den Tankinhalt während der gesamten Fahrt.

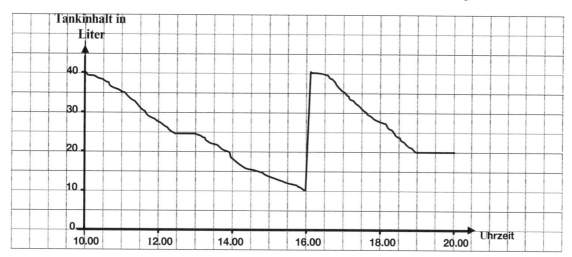

Die Tochter berichtet abends im Hotel:

A	Mit einer Tankfüllung sind wir 700 km weit gefahren.
B	Von 13 Uhr bis 14 Uhr haben wir Rast gemacht.
C	Um 16 Uhr haben wir getankt.
D	Um 19 Uhr war unser Tank leer.
E	Um 20 Uhr sind wir am Ziel angekommen.
F	Wir haben insgesamt ca. 50 Liter Benzin verbraucht.

Notiere zu jeder Aussage, ob sie durch das Diagramm bestätigt wird oder nicht.

Aufgabe W 2

W 2.1

Tabelle I zeigt Messwerte eines **linearen** Wachstumsvorgangs. Ergänze für x = 4.

Tabelle I	Zeit x (h)	0	1	2	3	4
	Messwert y	2 300	5 400	8 500	11 600	?

W 2.2

Tabelle II zeigt Messwerte eines **exponentiellen** Wachstumsvorgangs. Ergänze für x = 4.

Tabelle II	Zeit x (h)	0	1	2	3	4
	Messwert y	3 000	6 600	14 520	31 944	?

W 2.3

Berechne für beide Wachstumsvorgänge den zu erwartenden Wert nach 25 Stunden.

W 2.4

Welcher Graph passt am besten zum Wachstumsvorgang in Tabelle I und welcher passt am besten zum Wachstumsvorgang in Tabelle II? Schreibe den Lösungsbuchstaben auf.

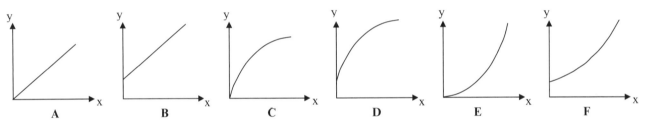

A   B   C   D   E   F

(x-Achse: Zeit in Stunden ab Beginn der Messung, y-Achse: Messwert)

Aufgabe W 3

Der Bogen über der Kölnarena lässt sich durch folgende Funktionsgleichung beschreiben: y = – 0,009 x² + 76 (Angabe für x und y in Meter). Dabei wurde der Ursprung des Koordinatensystems in Bodenhöhe senkrecht unter den Scheitel der Parabel gelegt (siehe Abbildung).

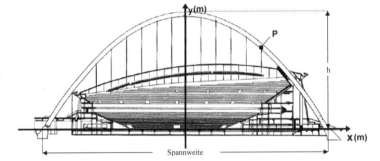

Die Zeichnung ist nicht maßstabsgerecht. geändert nach:
Cornelsen-Verlag, Mathematik, Berlin 2000, Seite 74

W 3.1

Gib die Höhe h des Bogens mit Hilfe der Funktionsgleichung an.

W 3.2

Der Abstand des eingezeichneten Punktes P zur y-Achse ist 50 m.
Wie hoch liegt P über dem Boden?

W 3.3

Berechne die Spannweite des Bogens, d.h. die Breite des Bogens am Boden. Runde auf Meter.

W 3.4

Der Koordinatenursprung wird in den Scheitelpunkt der Parabel verschoben.
Wie lautet dann die Funktionsgleichung der Parabel?

Aufgabe W 4

Warum stiehlt man 5 Kilometer Bahngleise?

Die Schrottpreise steigen seit Jahren. Zurzeit kostet eine Tonne Stahlschrott 200 €.
Im mittelhessischen Lohra wurden am helllichten Tag 5 Kilometer Bahngleise (also 10 km Schienen) gestohlen.

(geändert nach www.finanso.de)

Im Folgenden soll schrittweise berechnet werden, welchen Schrottwert der gestohlene Stahl hat.

W 4.1

Überprüfe durch Rechnung, welcher der folgenden Näherungswerte die Größe der Schnittfläche einer Schiene am genauesten angibt.

30 cm²　　60 cm²　　90 cm²　　120 cm²

W 4.2

Wie viel m³ Stahl wurden gestohlen?
Verwende dazu den Näherungswert, für den du dich in W 4.1 entschieden hast.

W 4.3

Welchen Schrottwert haben die 10 km Stahlschienen? (1 m³ Stahl wiegt ca. 8 Tonnen)

Aufgabe W 5

Der Sultan von Brodehno ist ein leidenschaftlicher Glücksspieler. Sein Hofnarr Jussuf hält täglich ein neues Spiel für ihn bereit.

W 5.1

Heute schreibt er die einzelnen Buchstaben des folgenden Satzes auf jeweils eine Karte:

S P I E L E N   M A C H T   S P A S S

Danach wirft er alle 17 Karten in eine Urne.

W 5.1.1

Nun zieht der Sultan eine Karte. Mit welcher Wahrscheinlichkeit wird diese ein „S" zeigen?

W 5.1.2

Der Sultan zieht nun zwei Karten hintereinander. Die erste Karte wird vor dem zweiten Ziehen wieder zurück in die Urne gelegt. Wie groß ist die Wahrscheinlichkeit, beide Male ein „S" zu ziehen?

W 5.1.3

Beim nächsten Spiel zieht der Sultan drei Karten, ohne die gezogenen wieder zurückzulegen.
Mit welcher Wahrscheinlichkeit kann man aus den gezogenen Karten „SMS" legen?
Bedenke, dass er die Karten auch in einer anderen Reihenfolge ziehen kann.

W 5.2

Für ein neues Spiel holt der Hofnarr eine Urne mit 6 Karten, auf denen jeweils ein Buchstabe seines Namens **J U S S U F** steht. Er möchte das Spiel aber zuvor so abändern, dass die Wahrscheinlichkeit dafür, den Buchstaben „S" zu ziehen, $\frac{3}{10}$ beträgt. Dazu hat er viele Möglichkeiten.
Nenne ein Beispiel, welche Buchstaben er dazu noch in die Urne legen könnte.

Quadrat	**Rechteck**
$A = a^2$ $u = 4 \cdot a$ 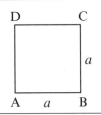	$A = b$ $u = 2 \cdot a + 2 \cdot b$ 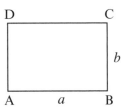
Dreieck	**Parallelogramm**
$A = \dfrac{g \cdot h}{2}$ $u = a + b + c$ 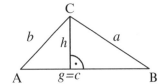	$A = g \cdot h$ $u = 2 \cdot a + 2 \cdot b$ 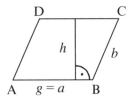
Trapez	**Kreis**
$A = \dfrac{a + c}{2} \cdot h$ $u = a + b + c + d$ 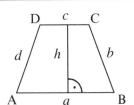	$d = 2r$ $A = \pi \cdot r^2 = \pi \cdot \dfrac{d^2}{4}$ $u = 2 \cdot \pi \cdot r = \pi \cdot d$ 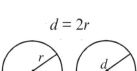
Kreissektor und Kreisbogen	**Kreisring**
$A = \dfrac{\pi \cdot r^2 \cdot \alpha}{360°}$ $u = \dfrac{\pi \cdot r \cdot \alpha}{180°}$ 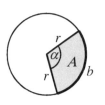	$A = \pi \cdot r_a^2 - \pi \cdot r_i^2$ 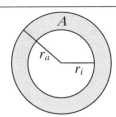

Würfel	**Quader**
$A = a^3$ $O = 6 \cdot a^2$ 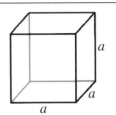	$V = a \cdot b \cdot c$ 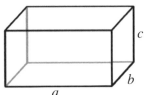 $O = 2 \cdot a \cdot b + 2 \cdot a \cdot c + 2 \cdot b \cdot c$
Prisma	
$V = G \cdot h_k$ $O = 2 \cdot G + M$	
Zylinder	**Quadratische Pyramide**
$V = \pi \cdot r^2 \cdot h_k$ $O = 2 \cdot \pi r^2 + 2 \pi \cdot r \cdot h_k$	$V = \dfrac{1}{3} \cdot a^2 \cdot h_k$ $O = a^2 + 2 \cdot a \cdot h_s$ 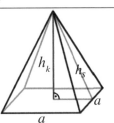
Kegel	**Kugel**
$V = \dfrac{1}{3} \cdot \pi \cdot r^2 \cdot h_k$ $O = \pi \cdot r^2 + \pi \cdot r \cdot s$	$V = \dfrac{4}{3} \cdot \pi \cdot r^3$ $O = 4 \cdot \pi \cdot r^2 \qquad O = \pi \cdot d^2$

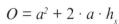
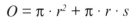

Zentrische Streckung, Ähnlichkeit und Strahlensätze

Wird das Original $\Delta(ABC)$ bei einer zentrischen Streckung mit dem Streckungszentrum Z und dem Streckungsfaktor k ($k \neq 0$) auf das Bild $\Delta(A'B'C')$ abgebildet, dann sind beide Dreiecke zueinander ähnlich.
Das bedeutet:
Die Winkelgrößen bleiben erhalten.

Beispiel:
$\dfrac{\overline{AB}}{\overline{AC}} = \dfrac{\overline{A'B'}}{\overline{A'C'}}$ usw.

außerdem gilt:
$\dfrac{\overline{ZA}}{\overline{ZA'}} = \dfrac{\overline{AB}}{\overline{A'B'}} = \dfrac{1}{k}$ usw.

$k \neq 0$

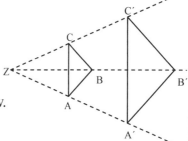

Satz des Pythagoras

Im rechtwinkligen Dreieck gilt:
$a^2 + b^2 = c^2$

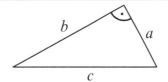

Trigonometrie (im rechtwinkligen Dreieck)

$\sin \alpha = \dfrac{\text{Gegenkathete}}{\text{Hypotenuse}} = \dfrac{a}{c}$

$\cos \alpha = \dfrac{\text{Ankathete}}{\text{Hypotenuse}} = \dfrac{b}{c}$

$\tan \alpha = \dfrac{\text{Gegenkathete}}{\text{Ankathete}} = \dfrac{a}{b}$

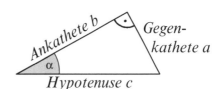

Im „allgemeinen" Dreieck gilt:

Sinussatz: $\dfrac{a}{\sin \alpha} = \dfrac{b}{\sin \beta} = \dfrac{c}{\sin \gamma}$

Kosinussatz: $c^2 = a^2 + b^2 - 2 \cdot a \cdot b \cdot \cos \gamma$
$a^2 = b^2 + c^2 - 2 \cdot b \cdot c \cdot \cos \alpha$
$b^2 = a^2 + c^2 - 2 \cdot a \cdot c \cdot \cos \beta$

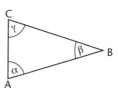

$\alpha + \beta + \gamma = 180°$

Prozentrechnung

G: Grundwert
W: Prozentwert
$p\%$: Prozentsatz/Zinssatz

$W = \dfrac{G \cdot p}{100}$

Zinsrechnung

K: Kapital
Z: Zinsen
t: Anzahl Tage

$Z = \dfrac{K \cdot p}{100} \cdot \dfrac{t}{360}$

Zinseszinsen *(exponentielles Wachstum)*

K_0: Kapital am Anfang
K_n: Kapital nach n Jahren
n: Zeit in Jahren
$p\%$: Zinssatz

Zinsfaktor: $q = \dfrac{100 + p}{100}$

$K_n = K_0 \cdot q^n$

Binomische Formeln

$(a + b)^2 = a^2 + 2 \cdot a \cdot b + b^2$ $\qquad (a - b)^2 = a^2 - 2 \cdot a \cdot b + b^2$ $\qquad (a + b) \cdot (a - b) = a^2 - b^2$

Quadratische Gleichungen

Normalform:

$x^2 + p \cdot x + q = 0$

Lösung:

$x_{1/2} = -\dfrac{p}{2} \pm \sqrt{\left(\dfrac{p}{2}\right)^2 - q}$; wenn $\left(\dfrac{p}{2}\right)^2 - q \geq 0$, sonst keine Lösung

Lineare Funktionen $\quad y = m \cdot x + b$	**Quadratische Funktionen**
m: Steigung der Geraden g durch die Punkte $P_1(x_1 \vert y_1)$ und $P_2(x_2 \vert y_2)$	Allgemeine Form: $y = a \cdot x^2 + b \cdot x + c \quad (a \neq 0)$
$m = \frac{y_2 - y_1}{x_2 - x_1} \quad (x_2 \neq x_1)$ b: y-Achsenabschnitt 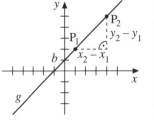	Scheitelpunktform: $y = a \cdot (x - x_s)^2 + y_s$ Scheitelpunkt: $S(x_s \vert y_s)$ 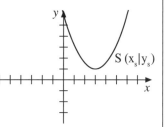

Beschreibende Statistik/Stochastik

Arithmetisches Mittel (Mittelwert $\bar{x}$) der Datenreihe $x_1, x_2, ..., x_n$

$$\bar{x} = \frac{x_1 + x_2 + ... + x_n}{n}$$

Median (Zentralwert)
In einer der Größe nach geordneten Datenreihe mit einer ungeraden Anzahl von Daten steht der Median in der Mitte. Bei einer geraden Anzahl von Daten ist der Median nicht eindeutig bestimmt (man nimmt dann z. B. das arithmetische Mittel der in der Mitte stehenden Werte oder einen dieser beiden Werte).

Laplace-Versuch
Zufallsversuch, bei dem alle *Ergebnisse* gleich wahrscheinlich sind (z. B. Münzwurf). Die Wahrscheinlichkeit P für das Eintreten eines *Ereignisses E* berechnet man wie folgt:

$$P(E) = \frac{\text{Anzahl der günstigen Ergebnisse}}{\text{Anzahl der möglichen Ergebnisse}}$$

Mehrstufige Zufallsversuche lassen sich in einem Baumdiagramm darstellen. Dabei kann ein Ergebnis als Pfad veranschaulicht werden. Die Wahrscheinlichkeiten lassen sich mithilfe von Produkt- und Summenregel berechnen.

1. Pfadregel (Produktregel) Die Wahrscheinlichkeit eines Pfades ergibt sich aus dem Produkt der Wahrscheinlichkeiten entlang des Pfades. $P(E) = p_1 \cdot p_2$	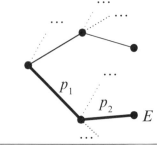
2. Pfadregel (Summenregel) Die Wahrscheinlichkeit eines zusammengesetzten Ereignisses ist gleich der Summe der Einzelwahrscheinlichkeiten. $P(E) = P(E_1) + P(E_2)$ $\quad\quad\;\; = p_1 \cdot p_2 + q_1 \cdot q_2$	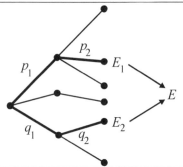

Übungstagebuch

Hier kannst du eintragen, wann du welche Aufgaben ganz alleine (++), mit Hilfe des Lösungsheftes (+) oder erst unter Mithilfe von Mitschülern oder Lehrern (?) gelöst hast.

Datum	Aufgabe	Anmerkung

Datum	Aufgabe	Anmerkung

Stichwortverzeichnis

FiNALE
Prüfungstraining

Hessen
Realschulabschluss 2010

Lösungen

Mathematik

Bernhard Humpert
Dr. Alexander Jordan
Dr. Martina Lenze
Prof. Bernd Wurl
Prof. Dr. Alexander Wynands

Rosel Reiff
Annelotte Rothermel

westermann

ISBN 978-3-14-271008-2

22

1 Es ist sinnvoll, die Zahlen zum besseren Vergleich dezimal zu schreiben.

a) $0{,}4 \mid \frac{3}{6} = 0{,}5 \mid 0{,}38 \mid \frac{1}{4} = 0{,}25 \mid \frac{3}{8} = 0{,}375 \mid 0{,}44$

$\frac{1}{4} < \frac{3}{8} < 0{,}38 < 0{,}4 < 0{,}44 < \frac{3}{6}$

b) $-1\frac{1}{2} = -1{,}5 \mid -\frac{7}{5} = -1{,}4 \mid -\frac{3}{4} = -0{,}75 \mid -0{,}8 \mid -\frac{11}{8} = -1{,}375 \mid -1{,}3$

Bei negativen Zahlen hat die größere Zahl den kleineren Betrag.

$-1\frac{1}{2} < -\frac{7}{5} < -\frac{11}{8} < -1{,}3 < -0{,}8 < -\frac{3}{4}$

c) $0{,}7 \mid -\frac{3}{4} = -0{,}75 \mid -1{,}34 \mid \frac{4}{5} = 0{,}8 \mid -\frac{4}{3} = -1{,}\overline{3} \mid \frac{17}{20} = 0{,}85$

$-1{,}34 < -\frac{4}{3} < -\frac{3}{4} < 0{,}7 < \frac{4}{5} < \frac{17}{20}$

2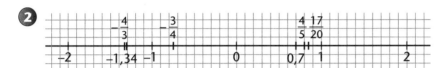

3 a) $8 \cdot 0{,}7 = 5{,}6$

b) $0{,}64 \cdot 1000 = 640$ Lösung durch Hinsehen und Kopfrechnen.

c) $245 - 17 = 228$; also $245 - 228 = 17$

d) $17{,}25 : 0{,}75 = 1725 : 75 = 23$; also $23 \cdot 0{,}75 = 17{,}25$

4 a) $75\% = 0{,}75 = \frac{3}{4}$; Kinga teilt den Kreis in Fünftel und färbt davon 4 Teile.

Kinga färbt also $\frac{4}{5}$ und nicht wie verlangt $\frac{3}{4} = 75\%$. Kai färbt richtig:

$\frac{12}{16} = \frac{3}{4} = 75\%$.

b) $\frac{5}{8}$ eines Kreises; $\frac{5}{8}$ eines Rechtecks

5 a) $A = 32\,m \cdot 24\,m$ b) Der Preis P berechnet sich so:

     $A = 768\,m^2$ $P = 768\,m^2 \cdot 75\,\frac{€}{m^2}$ $P = 57\,600\,€$

6 a) Es muss der Umfang des Spielplatzes berechnet und davon drei Meter abgezogen werden (3 Türen von je 1 m Breite).

$u - 3\,m = 2 \cdot 45\,m + 2 \cdot 26\,m - 3\,m = 139\,m$

b) Da der 139 m lange Zaun 2 m hoch ist, beträgt die Fläche A des Zauns:

$A = 139\,m \cdot 2\,m$ $A = 278\,m^2$

7 $A = 5\,m \cdot 30\,m + 13\,m \cdot 35\,m$ $A = 605\,m^2$

$u = 5\,m + 30\,m + 8\,m + 35\,m + 13\,m + 65\,m$

$\underbrace{\qquad}_{(65\,m - 30\,m)} \underbrace{\qquad}_{(5\,m + 8\,m)}$ $u = 156\,m$

24

1 a) Hauptschulabschluss: $\frac{1}{10}$ von $450 = 45$ Hauptschulabschluss

Realschulabschluss: $\frac{1}{3}$ von $450 = 150$ Realschulabschluss

Abiturientinnen und Abiturienten: $450 - 45 - 150 = 255$ Abitur

b) HS: $10\% \triangleq 36°$; $(10 \cdot 3{,}6°)$

RS: $33\frac{1}{3}\% \triangleq 120°$; $(33{,}\overline{3} \cdot 3{,}6°)$

A: $56\frac{2}{3}\% \triangleq 204°$; $(56{,}\overline{6} \cdot 3{,}6°)$

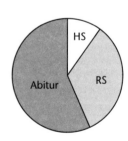

2 Gesamtschülerzahl: $261 + 108 + 81 = 450$

deutsche Nationalität: $\frac{261}{450} = 0{,}58 = 58\% \triangleq 209°$

türkische Nationalität: $\frac{108}{450} = 0{,}24 = 24\% \triangleq 86°$

andere Nationalität: $\frac{81}{450} = 0{,}18 = 18\% \triangleq 65°$

24

3 a) Um die Winkel besser messen zu können, sollte man die Radien verlängern.

Partei A: 72° (: 3,6) ≙ 20,0 %   b) Partei A: $\frac{95\,450}{100} \cdot 20,0 = 19\,090$

Partei B: 35° (: 3,6) ≙ 9,7 %   Partei B: $\frac{95\,450}{100} \cdot 9,7 \approx 9\,259$

Partei C: 90° (: 3,6) ≙ 25,0 %   Partei C: $\frac{95\,450}{100} \cdot 25,0 \approx 23\,863$

Partei D: 163° (: 3,6) ≙ 45,3 %   Partei D: $\frac{95\,450}{100} \cdot 45,3 \approx 43\,239$

$\overline{360°}$ $\overline{100\ \%}$

Bei b) ergibt sich die Abweichung von 1 Person durch Runden.

4 Gesamtpersonenzahl: 64 + 248 + 488 = 800

unter 18 Jahren: $\frac{64}{800} = 0,08 = 8\ \%$

18 bis 60 Jahre: $\frac{248}{800} = 0,31 = 31\ \%$

über 60 Jahre: $\frac{488}{800} = 0,61 = 61\ \%$

Umrechnung in Winkel für das Kreisdiagramm (· 3,6):

8 % ≙ 29°   31 % ≙ 112°   61 % ≙ 220°

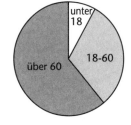

26

1 a)

x	1,5	3
y	4,5	9

b)

x	1	3
y	5	15

2 a)

x	7	0,5
y	3,5	49

b)

x	12	10
y	5	6

3 (1) Die doppelte Menge an getankten Litern kostet den doppelten Preis. Die Zuordnung ist proportional.

(2) Ist ein Apfel 50 g schwer, sind 100 Äpfel in dem 5-kg-Netz. Wiegt ein Apfel doppelt so viel (also 100 g), sind in dem Netz nur halb so viele Äpfel (nämlich 50). Die Zuordnung ist antiproportional.

(3) Es gibt junge und alte Menschen, deren Schuhgröße 42 beträgt. Es liegt keine proportionale und keine antiproportionale Zuordnung vor.

(4) Je größer ein Feld auf einem Schachbrett ist, desto größer ist das Schachbrett mit 64 Feldern. Verdoppelt sich der Flächeninhalt eines Feldes, verdoppelt sich auch der Flächeninhalt des gesamten Schachbrettes. Die Zuordnung ist proportional.

(5) Laufen zwei Staffelläufer eine 10 km-Strecke, so muss jeder Läufer 5 km laufen. Laufen vier Staffelläufer eine 10 km-Strecke, so muss jeder Läufer eine Teilstrecke von nur 2,5 km laufen. Die Zuordnung ist antiproportional.

4 Wir rechnen mit gerundeten Zahlen in gleichen Einheiten:

1,9 t sind 1 900 kg. Also:

$\frac{490\ \text{kg}}{1\,900\ \text{kg}} \approx \frac{500\ \text{kg}}{2\,000\ \text{kg}}$ $\frac{5}{20} = \frac{1}{4} = \frac{25}{100} = 25\ \%$

Anzukreuzen sind also ein Viertel und 25 %.

5 Gleichwertige Ausdrücke sind:

– ein Hundertstel = $\frac{1}{100}$ = 1 %

– 5 von 10 = $\frac{5}{10} = \frac{1}{2}$ = die Hälfte

– Das 2fache einer Zahl a bedeutet 2 · a, also das Doppelte von a.

– Jeder Vierte bedeutet 1 Person von 4 Personen oder 25 von 100 Personen, also 25 %.

6

Dein Alter in Jahren	Alter in Tagen	Alter in Stunden	Die Hälfte davon
15	5 475	131 400	65 700
16	5 840	140 160	70 080

Hättest du die Hälfte deines bisherigen Lebens mit Schlafen verbracht, so wären dies insgesamt ungefähr 70 000 Stunden.

26

7 Überschlag: $(4,4 + 3,7) \cdot 3 \approx 8 \cdot 3 = 24$
Ergebnis: 24,3

Überschlag: $\frac{245}{50} \approx \frac{250}{50} = 5$
Ergebnis: 4,9

Überschlag: $0,95 \cdot 0,4 \approx 1 \cdot 0,4 = 0,4$
Ergebnis: 0,38

Überschlag: $89,9 : 29 \approx 90 : 30 = 3$
Ergebnis: 3,1

28

1 Setzt man die angegebenen x-Werte (–1; 0 und 1) in die Gleichung $y = 4 \cdot (x - 3)$ ein, so erhält man die gesuchten y-Werte.
Die gesuchten x-Werte ermittelt man, indem man zunächst die Gleichung umformt:

$y = 4 \cdot (x - 3) \,|\, : 4$
$0,25\, y = x - 3$
$x = 0,25\, y + 3$

Setzt man nun die angegebenen y-Werte (4 und 0) in die umgeformte Gleichung ein, erhält man die gesuchten x-Werte.

x	–1	0	1	4	3
y	–16	–12	–8	4	0

2 Setzt man y = 0 in die verschiedenen Gleichungen ein, kommt man zur Lösung. Für Produktterme gilt: Ist einer der beiden Faktoren gleich 0, so auch das Produkt.
a) $x = -1$ c) $x = 0$ *oder* $x = 1$ e) $x = -1$
b) $x = 0$ d) $x = 3$ *oder* $x = -3$ f) $y = 4$

3
a) $(x + 1)^2 = 36 \,|\, \sqrt{}$
    $x + 1 = 6$ *oder* $x + 1 = -6$
    $x = 5$ *oder* $x = -7$

b) $8 + (x - 3)^2 = 57 \,|\, -8$
    $(x - 3)^2 = 49 \,|\, \sqrt{}$
    $x - 3 = 7$ *oder* $x - 3 = -7$
    $x = 10$ *oder* $x = -4$

c) $x^2 - 10x + 25 = 0$
    $(x - 5)^2 = 0 \,|\, \sqrt{}$
    $x - 5 = 0 \,|\, +5$
    $x = 5$

d) $x^2 - 4x + 4 = 0$
    $(x - 2)^2 = 0 \,|\, \sqrt{}$
    $x - 2 = 0 \,|\, +2$
    $x = 2$

4 a) Setzt man für x den Wert –2 in die Gleichung ein, so erhält man
    $y = -2 \cdot (-2 - 1)^2 + 8$
    $y = -2 \cdot (-3)^2 + 8$
    $y = -2 \cdot 9 + 8$
    $y = -18 + 8 \quad y = -10$
    Für $x = -2$ hat y also den Wert –10.

b) Hier vereinfacht man zunächst die Gleichung.
    $y = -2 \cdot (x - 1)^2 + 8$
    $y = -2 \cdot (x^2 - 2x + 1) + 8$
    $y = -2x^2 + 4x - 2 + 8$
    $y = -2x^2 + 4x + 6$
    $y = -2\,(x^2 - 2x - 3)$
    Dann setzt man für y den Wert 0 in die Gleichung ein und kommt durch Umformungen zu den gesuchten x-Werten.
    $-2 \cdot (x^2 - 2x - 3) = 0 \,|\, : (-2)$
    $x^2 - 2x - 3 = 0 \,|\, + 1$ Quadratische Ergänzung
    $x^2 - 2x + 1 - 3 = 1$
    $(x - 1)^2 - 3 = 1 \,|\, + 3$
    $(x - 1)^2 = 4 \,|\, \sqrt{}$
    $x - 1 = 2$ *oder* $x - 1 = -2$
    $x = 3$ *oder* $x = -1$
    Die gesuchten x-Werte lauten 3 und –1.

28

5 a) Das Koordinatensystem zeigt den Graph der linearen
Funktion y = m · x + b durch die Punkte P, Q und R.

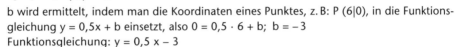

b) Zwei mögliche Lösungswege:

① Die Steigung m und den y-Achsenabschnitt aus der
grafischen Darstellung ablesen:
b = – 3 und m = $\frac{2}{4}$ = 0,5.
Funktionsgleichung: y = 0,5x – 3

② Mit Hilfe der Zwei-Punkte-Form lässt sich z. B. aus
R (– 2|– 4) und Q (0|– 3) die Steigung m berechnen:

$\frac{y_2 - y_1}{x_2 - x_1} = \frac{-3 - (-4)}{0 - (-2)} = \frac{1}{2}$

b wird ermittelt, indem man die Koordinaten eines Punktes, z. B: P (6|0), in die Funktions-
gleichung y = 0,5x + b einsetzt, also 0 = 0,5 · 6 + b; b = – 3
Funktionsgleichung: y = 0,5 x – 3

6 a) Alle Funktionsgleichungen besitzen die Form y = a · x².

– Der Graph g_2 geht durch den Punkt (1|1) und gehört zur Normalparabel mit der Funktions-
gleichung y = x² *oder* y = 1x²

– Der Graph g_4 entsteht durch Spiegelung der Normalparabel an der x-Achse. Die Parabel ist
nach unten geöffnet, der Faktor a vor x² muss also kleiner als 0 sein. Die zugehörige Funktionsgleichung ist daher y = –x² *oder* y = –1x²

– Im Vergleich zur Normalparabel ist der Graph g_1 schlanker, d.h., die Öffnung ist enger (|a| > 1).
Die Parabel ist nach oben geöffnet (a > 0). Der Faktor a muss also größer als 1 sein, dies trifft
nur auf die Funktionsgleichung y = 3x² zu.

– Im Vergleich zur Normalparabel ist der Graph g_3 breiter, d.h., die Öffnung ist weiter (|a| < 1).
Die Parabel ist nach oben geöffnet (a > 0). Der Faktor a muss also zwischen 0 und 1 liegen, dies
trifft nur auf die Funktionsgleichung y = 0,5x² zu.

b) Ist a < 0, sind alle y-Werte der quadratischen Funktion y = a · x² kleiner als 0 oder gleich 0
(da x² ≥ 0). Hieraus folgt: Der Graph der Funktion verläuft im III. und IV. Quadranten und ist eine
nach unten geöffnete Parabel.

30

1 a) Daten der Größe nach geordnet:
65,80 €;   84,30 €;   99,70 €;   107,20 €;   111,40 €
Median ist bei ungerader Anzahl der Wert in der Mitte: 99,70 €
arithmetisches Mittel:

$\frac{65,80\,€ + 84,30\,€ + 99,70\,€ + 107,20\,€ + 111,40\,€}{5}$ = 93,68 €

Spannweite ist die Differenz zwischen größtem und kleinstem Wert: 111,40 – 65,80 € = 45,60 €.

b) Daten der Größe nach geordnet:
4,20 m; 4,50 m; 4,60 m; 4,80 m; 5,10 m; 5,30 m
Median ist bei gerader Anzahl der Mittelwert der beiden Werte links und rechts von der Mitte:

$\frac{4,60\,m + 4,80\,m}{2}$ = 4,70 m

arithmetisches Mittel:

$\frac{4,20\,m + 4,50\,m + 4,60\,m + 4,80\,m + 5,10\,m + 5,30\,m}{6}$ = 4,75 m

Spannweite: 5,30 m – 4,20 m = 1,10 m

2 Zunächst ist es sinnvoll, die Gewichte der Größe nach zu ordnen:
54,5 kg;   56,8 kg;   67,5 kg;   72,2 kg;   73,8 kg;   78,2 kg;   78,5 kg;   81,4 kg;   84,3 kg;
93,4 kg;   96 kg;   98,6 kg

a) Das arithmetische Mittel (Summe aller 12 Gewichte, geteilt durch 12) ist 77,9$\overline{3}$ kg.
Der Durchschnitt von 80 kg wird also unterschritten.

b) Spannweite: 98,6 kg – 54,5 kg = 44,1 kg

c) Bei 12 Werten ist der Median der Mittelwert zwischen dem 6. und dem
7. Wert. Median = $\frac{78,2\,kg + 78,5\,kg}{2}$ = 78,35 kg
Der Unterschied zwischen Median und arithmetischem Mittel beträgt
78,35 kg – 77,9$\overline{3}$ kg = 0,41$\overline{6}$ kg ≈ 0,42 kg

5

30

3 Die bekannten 5 Sprünge werden der Größe nach geordnet und addiert:
3,95 m;   4,10 m;   4,20 m;   4,45 m;   4,65 m   (Summe: 21,35 m)
Da das arithmetische Mittel aller 7 Sprünge 4,20 m beträgt, ist Sabine insgesamt 4,20 m · 7, also
29,40 m weit gesprungen. Im 6. und 7. Versuch hat sie zusammen eine Weite von 8,05 m erreicht
(29,40 m – 21,35 m; Gesamtweite 7 Sprünge – Gesamtweite 5 Sprünge).

a) Da Sabines 6. Sprung zugleich ihre schlechteste Weite war, muss er weniger als 3,95 m weit gewesen sein. Die Spannweite zwischen bestem und schlechtestem Sprung beträgt 90 cm. Sabine ist
im 6. Sprung deshalb wohl 4,65 m – 0,90 m, also 3,75 m weit gesprungen.

b) Im 7. Versuch ist Sabine dann 8,05 m – 3,75 m, also 4,30 m weit gesprungen. Dieses Resultat
bestätigt auch die Lösung von a), denn der 7. Versuch kann kein „Rekorderhebnis" mehr gehabt
haben.

c) Alle 7 Weitsprungdaten der Größe nach geordnet:
3,75 m;   3,95 m;   4,10 m;   4,20 m;   4,30 m;   4,45 m;   4,65 m
Der Median ist 4,20 m.

32

1 a) $-4 \cdot 6 = -24$; $-6 \cdot 4 = -24$;   also $-4 \cdot 6 = -6 \cdot 4$

b) $3 - 5 = -2$; $3^2 + 5^2 = 34$;   also $3 - 5 < 3^2 + 5^2$

c) $\sqrt{100 \cdot 8{,}6} = \sqrt{860} < 30$ $(30 = \sqrt{900})$;   also $\sqrt{100 \cdot 8{,}6} < 86$

d) $\sqrt{9 + 4} = \sqrt{13} < 4$, $(4 = \sqrt{16})$; $\sqrt{9} + \sqrt{4} = 3 + 2 = 5$;   also $\sqrt{9 + 4} < \sqrt{9} + \sqrt{4}$

e) $10^4 \cdot 10^7 = 10^{11}$; also $10^4 \cdot 10^7 < 10^{28}$

f) $8 \cdot 10^5 \cdot 125 = 1000 \cdot 10^5 = 10^8$; also $10^8 = 10^8$

g) $\sqrt{1} + \sqrt{1} = 1 + 1 = 2$; $2 > \sqrt{2}$;   also $\sqrt{1} + \sqrt{1} > \sqrt{2}$

h) $\frac{100^2}{25^2} = \frac{10\,000}{625} = 16$; $\left(\frac{100}{25}\right)^2 = 4^2 = 16$;   also $\frac{100^2}{25^2} = \left(\frac{100}{25}\right)^2$

2 a) $\sqrt{10\,000\pi} = \sqrt{10\,000} \cdot \sqrt{\pi} = 100 \cdot \sqrt{\pi}$; wegen $\sqrt{\pi} < \pi$ gilt also $\sqrt{10\,000\,\pi} < 100 \cdot \pi$
b) Allgemein gilt $(a + b)^2 = a^2 + 2ab + b^2$
Für positive Zahlen a und b gilt $a^2 + 2ab + b^2 > a^2 + b^2$
7 und 11 sind positive Zahlen, also gilt $(7 + 11)^2 > 7^2 + 11^2$

3

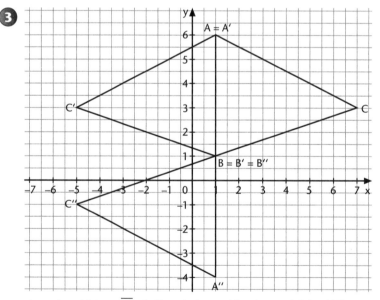

a) geeignet ist $c = \overline{AB}$ als Grundseite und h_c als zugehörige Höhe.
$c = 5$ cm, $h_c = 6$ cm
$$A = \frac{5\,\text{cm} \cdot 6\,\text{cm}}{2} = 15\,\text{cm}^2$$

b) $C'(-5|3)$

c) AC'BC ist ein Drachenviereck mit dem Flächeninhalt $A = 30$ cm²; (15 cm² · 2).

d) Bei Punktspiegelung an B ergeben sich die Bildpunkte $A''(1|-4)$ und $C''(-5|-1)$.

32

4

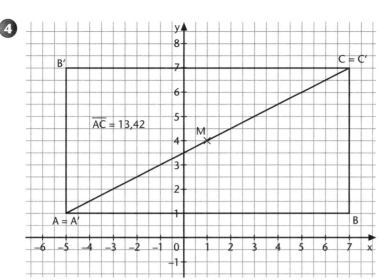

a) $\overline{AB}$ = 12 cm; $\overline{BC}$ = 6 cm

Die Strecke b = $\overline{AC}$ wird mit dem Satz des Pythagoras berechnet.

$b^2 = 12^2 + 6^2$

$b^2 = 180 \quad b \approx 13,42$ cm

u = 12 cm + 6 cm + 13,42 cm   u = 31,42 cm

b) M (1|4): x_m = 1 ist der Mittelwert von –5 und 7

y_m = 4 ist der Mittelwert von 1 und 7

c) Zusammen bilden die Dreiecke ein Rechteck mit A = 72 cm²; (12 cm · 6 cm).

5

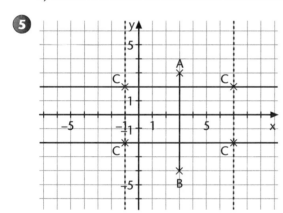

Der Punkt C liegt auf einer der beiden waagerechten Geraden (2 cm Abstand von der x-Achse). Außerdem gilt g = $\overline{AB}$ = 7 cm, also muss h = 4 cm gelten, damit der Flächeninhalt 14 cm² groß ist. Das bedeutet: C liegt auch auf einer der gestrichelten Geraden, muss also einer der eingekreisten Punkte sein;

C (–1|–2) *oder* C (–1|2);

C (7|2) *oder* C (7|–2)

34

1 Ein 20-€-Schein ist ca. 13 cm lang und 7 cm breit.

A ≈ 13 cm · 7 cm, A ≈ 91 cm² (= 0,91 dm² bzw. 9100 mm²)

Von den Auswahllösungen passt nur 9570 mm².

2 Es geht sozusagen um die „Oberfläche" eines Eisbären, die am besten in der Einheit „m²" beschrieben wird.

48 000 cm² = 4,8 m², 480 000 mm² = 0,48 m², 4800 dm² = 48 m²

Sicherlich sind 0,48 m² zu klein und 48 m² zu groß. Richtig sind also 48 000 cm².

3 Hier muss man kalkulieren: Die Schülerin ist 6 Zeitstunden pro Tag, 5 Tage in der Woche, 40 Wochen im Jahr und 10 Jahre in der Schule.

6 h · 5 · 40 · 10 = 12 000 h; 12 000 h = 12 000 · 60 · 60 s = 43 Mio. s

Von den Auswahllösungen kommen nur 36 000 000 s in Frage.

4 Um die Mengen besser vergleichen zu können, rechnet man alle Angaben in die Einheit „m³" um:

30 hl = 3 m³, 300 000 ml = 0,3 m³, 30 000 *l* = 30 m³

Sicherlich sind 0,3 m³ für den Innenraum eines Pkw zu wenig, 30 m³ sind zu viel, also trifft die Angabe 30 hl zu.

34

⑤ V = 2 m · 4,5 m · 5 m   V = 45 m³

⑥ a) V = 4 m · 2,5 m · 1,8 m   V = 18 m³   Es mussten 18 m³ Erde ausgehoben werden.
b) Schrägbild: Länge von 4 m als 2 cm lange Kante (vorn), Breite von 2,50 m als 0,625 cm lange Kante (nach hinten) und Tiefe von 1,80 m als 0,9 cm lange Kante (nach oben).

⑦ Da 1 l = 1 dm³ gilt, rechnet man am besten in der Einheit dm.
V = 8 dm · 4,5 dm · 5,5 dm (6 dm – 0,5 dm)
V = 198 dm³ = 198 l   Es befinden sich 198 l Wasser im Aquarium.

⑧ Das Schwimmbecken ist 8 · 1,50 m, also 12 m breit.
Für die Höhe h (hier ist h die Wassertiefe) gilt die Formel: 25 m · 12 m · h = 750 m³
$$300 \text{ m}^2 \cdot h = 750 \text{ m}^3 \;|: 300 \text{ m}^2$$
$$h = \frac{750 \text{ m}^3}{300 \text{ m}^2}$$
Das Schwimmbecken ist 2,50 m tief.   h = 2,5 m

⑨ (1) Man findet die Lösung durch Probieren:

Breite	Länge	Höhe	Volumen
1 cm	2 cm	3 cm	6 cm³
2 cm	4 cm	6 cm	48 cm³

(2) Man kann die Breite x nennen, dann beschreiben die Terme 2x die Länge und 3x die Höhe und es gilt die Gleichung:
$$x \cdot 2x \cdot 3x = 48$$
$$6x^3 = 48 \quad |:6$$
$$x^3 = 8$$
$$x = 2$$

Beide Wege führen zur Lösung: Der Quader ist 2 cm breit.

36

① (1) Preis der Kinokarte für eine Person: x; Preis für Getränke und Popcorn: 17 €
Gleichung: 5x + 17 = 57.   Passt.
(2) Preis für 1 Flasche Wein: x; Preis für 1 Flasche Sekt: y
Gleichung: 5x + 17y = 57.   Passt nicht.
(3) Ein 5 km langer Rundkurs für Crossräder wird x-mal durchfahren. Der Kurs liegt 17 km von Tannendorf entfernt. Es sind 57 Teilnehmer am Start. Hierzu lässt sich keine sinnvolle Gleichung aufstellen.
(4) Ladung des kleinen Lkw: x; Ladung des großen Lkw: 17
Gleichung: 5x + 17 = 57.   Passt.
(5) Länge des Rechtecks: x; Breite des Rechtecks: 5
Gleichung: 5x + 17 = 57   Passt.

② Der Winkel AMC entspricht in der Zeichnung dem Winkel mit der Größe 6 β. Da ein gestreckter Winkel 180° groß ist, gilt: 6 β + 3 β = 180°, also β = 20°. Die Größe des Winkels AMC beträgt demnach 120°.

③ Aus der Konstruktion der Figur ist abzuleiten:
(1) $\overline{AM} = \overline{CM} = \overline{BM}$ (Kreisradius)
(2) Das Dreieck BCM ist gleichschenklig ($\overline{BM} = \overline{CM}$).
(3) Das Dreieck ABC ist rechtwinklig (Thaleskreis), also ist γ = 90° groß.
(4) Da die Winkelsumme im Dreieck 180° beträgt und der Winkel CMB zusammen mit dem 60°-Winkel ebenfalls 180° (gestreckter Winkel) ergibt, müssen die Basiswinkel im Dreieck BCM zusammen ebenfalls 60° ergeben. Ein Basiswinkel ist damit 30° groß, also β = 30°.
(5) Mit Hilfe der Winkelsumme im Dreieck lässt sich auch der dritte Winkel berechnen:
α = 180° – 90° – 30° = 60°

④

(1)	98,700	·	1,230	=	121,401	100 · 1,2 = 120	Überschlag
(2)	9,8700	·	1,230	=	12,1401	10 · 1,2 = 12	
(3)	9,8700	·	12,30	=	121,401	10 · 12 = 120	
(4)	48,0	·	125,0	=	6000,00	50 · 100 = 5000	
(5)	480,0	·	1,250	=	600,000	500 · 1 = 500	
(6)	2,50	·	0052,0	=	130,0	2,5 · 50 = 125	
(7)	0,0250	·	00,52	=	0,01300	0,02 · 0,5 = 0,01	

38

1 a) Der Mantel ist ein Rechteck, siehe nebenstehende Abbildung.

$M = 2\pi \cdot r \cdot h$

$M = 2\pi \cdot 4\ cm \cdot 15\ cm$

$M \approx 377\ cm^2$

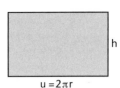

b) $O = 2G + M$ $O = 2\pi r^2 + M$

$O \approx 2\pi \cdot (4\ cm)^2 + 376{,}99\ cm^2$ $O \approx 477{,}5\ cm^2$

c) Wegen $1\ l = 1\ dm^3$ wird bei der Volumenberechnung mit der Einheit „dm" gearbeitet.

$r = 0{,}4\ dm$; $h = 1{,}5\ dm$

$V = \pi r^2 h$ $V = \pi \cdot (0{,}4\ dm)^2 \cdot 1{,}5\ dm$ $V \approx 0{,}754\ dm^3$ also $V \approx 0{,}754\ l$

2 a) $998\ ml = 998\ cm^3$

Bei der Volumenberechnung wird deshalb mit der Einheit „cm" gearbeitet.

$r = 5{,}15\ cm \approx (10{,}3\ cm : 2)$; $h = 12\ cm$

$V = \pi r^2 h$ $V = \pi \cdot (5{,}15\ cm)^2 \cdot 12\ cm$ $V \approx 999\ cm^3$

Die Inhaltsangabe trifft zu.

b) Da der Papierbedarf in „m²" angegeben werden soll, wird mit der Einheit „m" gerechnet.

Die Banderole entspricht dem Mantel der zylinderförmigen Dose.

$M = 2\pi \cdot r \cdot h$

$M = \pi \cdot 0{,}103\ m \cdot 0{,}12\ m$

$50\,000 \cdot M = 50\,000 \cdot \pi \cdot 0{,}103\ m \cdot 0{,}12\ m$

$M \approx 1\,941{,}5\ m^2$

Es werden ungefähr $1\,942\ m^2$ Papier benötigt.

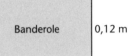

3 a) Der Umfang der kreisförmigen Grundfläche beträgt $1{,}5\ dm = 15\ cm$.

$u = 2\pi r \mid : 2\pi$

$r = \frac{u}{2\pi}$

$r = \frac{15\ cm}{2\pi}$

$r \approx 2{,}39\ cm$ $d \approx 4{,}78\ cm$

b) $V = \pi r^2 h$ $V = \pi \cdot (2{,}39\ cm)^2 \cdot 8\ cm$ $V \approx 143{,}56\ cm^3$

4 a) $0{,}4 \cdot 650\ € = 260\ €$ b) $0{,}23 \cdot 40\ m = 9{,}20\ m$

5 a) $\frac{374}{800} = 0{,}4675 = 46{,}75\ \%$ b) $\frac{35\ €}{1\,400\ €} = 0{,}025 = 2{,}5\ \%$

6 $0{,}45 \cdot x = 288\ m \mid : 0{,}45$

$x = \frac{288\ m}{0{,}45}$

$x = 640\ m$ Von 640 m sind 45 % 288 m.

7 a) $Z = 0{,}03 \cdot 3200\ € = 96\ €$ b) $Z = 0{,}025 \cdot 560\ € = 14\ €$

8 $16\ ha = 160\,000\ m^2$

$W = 13\ \%$ von $160\,000\ m^2$

$W = 0{,}13 \cdot 160\,000\ m^2$

$W = 20\,800\ m^2$ Das Fußballstadion nimmt $20\,800\ m^2$ ein.

9 $\frac{43}{827} \approx 0{,}0519 \approx 0{,}052$ also 5,2 %

5,2 % der kontrollierten Fahrzeuge waren mit Mängeln versehen.

40

❶ Die Graphen zeigen den zurückgelegten Weg des Steins in Abhängigkeit von der Zeit. Grundsätzlich muss der Punkt (0|0) auf dem passenden Graphen liegen, denn in 0 Sekunden fällt der Stein 0 Meter. Damit scheiden die Graphen (A) und (C) aus.
Graph (B): Je mehr Zeit vergeht, desto schneller wächst der vom Stein zurückgelegte Weg.
Graph (D): Je mehr Zeit vergeht, desto kürzer ist der Weg, den der Stein in einer Zeiteinheit zurückgelegt. Der Stein fällt allmählich immer langsamer. Dies widerspricht jeglicher Alltagserfahrung.
Die richtige Antwort lautet also (B).

❷ Die Graphen zeigen die Geschwindigkeit in Abhängigkeit von dem zurückgelegten Weg. Je tiefer ein Punkt des Graphen liegt, desto langsamer rollt die Murmel. Bevor man die Murmel loslässt, beträgt ihre Geschwindigkeit $0 \frac{cm}{s}$. Damit scheidet Graph (2) aus. Auf dem steil abfallenden Teilstück der Murmelbahn nimmt die Geschwindigkeit nach und nach immer rascher zu und verringert sich dann allmählich auf dem nach oben gebogenen Bahnteil. Auf dem anschließend wieder nach unten abfallenden Teilstück am Ende der Murmelbahn steigt die Geschwindigkeit leicht an. Bei Graph (3) nimmt die Geschwindigkeit anfangs linear zu.
Richtig ist also Graph (1).

❸ a) Je steiler der Graph verläuft, desto höher ist die Geschwindigkeit des Fahrzeugs. Da der Lastwagen vom Motorrad überholt wird, gehört der Graph mit der größten Steigung (1) zur Fahrt von Peter. Dieser Graph geht durch die Punkte (0|0) und (10|15). Der Graph (2) gehört zum Lkw.
b) Die gesuchte Entfernung zwischen dem Motorrad und dem Lastwagen lässt sich auf der y-Achse ablesen. Sie beträgt 10 km.
c) Die Geschwindigkeit des Lastwagens lässt sich aus der Steigung m des zugehörigen Graphen ablesen, der durch die Punkte P (0|10) und Q (10|15) geht.
Aus dem Koordinatensystem ist abzulesen:
In 10 min legt der Lkw 5 km zurück. Dann legt er in 6 · 10 min (1 h) die 6fache Strecke, also 6 · 5 km = 30 km zurück. Die Geschwindigkeit des Lastwagens beträgt damit 30 $\frac{km}{h}$.
d) (1) y = 1,5x   (2) y = 0,5x + 10

42

❶ Wahrscheinlichkeit für die Zahl Vier: $\frac{2}{6} = \frac{1}{3}$ (6 mögliche, 2 günstige Ergebnisse)

❷ Wahrscheinlichkeit für eine gerade Zahl: $\frac{3}{6} = \frac{1}{2}$ (6 mögliche, 3 günstige Ergebnisse)

❸ Wahrscheinlichkeit für keine Sechs: $\frac{5}{6}$ (6 mögliche, 5 günstige Ergebnisse)

❹ Die Wahrscheinlichkeit p (Primzahl) wird bei der großen Zahl von Versuchen nahe der relativen Häufigkeit rH(P) liegen.

rH(P) = $\frac{548}{800}$ = 0,685 = 68,5 %

Würfel (1): p (P) = $\frac{4}{6} = \frac{2}{3} \approx$ 67 %   Würfel (2): p (P)= $\frac{2}{6} = \frac{1}{3} \approx$ 33 %

Würfel (3): p (P) = $\frac{2}{6} \approx$ 33 %

Es wurde wohl mit Würfel (1) gewürfelt.

❺ rH (unter 3) = $\frac{252}{1\,500}$ = 0,168 $\approx$ 17 %

Würfel (1): p (unter 3) = $\frac{2}{6} \approx$ 33 %   Würfel (2): p (unter 3)= $\frac{1}{6}$ = 0,1$\overline{6} \approx$ 17 %

Würfel (3): p (unter 3) = $\frac{1}{6} \approx$ 17 %

Es könnte mit Würfel (2) oder mit Würfel (3) gewürfelt worden sein.

❻ rH (E) = $\frac{197}{600} \approx$ 33 %

p (6) = $\frac{1}{6}$,   p (1) = $\frac{1}{6}$ p (größer als 3) = $\frac{5}{6}$

p (2) = 0,   p (5) = $\frac{1}{3}$ ←   p (weder 4 noch 5) = $\frac{1}{3}$ ←

p (4) = $\frac{1}{3}$ ←   p (größer als 2) = $\frac{5}{6}$ p (Primzahl) = $\frac{1}{3}$ ←

Die mit einem Pfeil markierten Ergebnisse können es gewesen sein.

10

42

7 Die Wahrscheinlichkeiten für die Ergebnisse 1, 2 und 3 sind verschieden; in der Summe müssen sie 1 ergeben. Die hohe Anzahl von Versuchen bedeutet, dass die ermittelten relativen Häufigkeiten nahe bei den Wahrscheinlichkeiten liegen.

Gruppe 1: $rH(2) = \frac{198}{800} = 0,2475$ Gruppe 4: $rH(1) = \frac{188}{500} = 0,376$

Gruppe 2: $rH(1) = \frac{339}{900} \approx 0,3767$ Gruppe 5: $rH(2) = \frac{253}{1000} = 0,253$

Gruppe 3: $rH(3) = \frac{346}{700} \approx 0,4943$ Gruppe 6: $rH(3) = \frac{453}{1200} = 0,3775$

a) Offenbar hat eine der beiden Gruppen falsch gezählt, die als Zielzahl „3" hatten, denn die beiden relativen Häufigkeiten 0,4943 (Gruppe 3) und 0,3775 (Gruppe 6) liegen zu weit auseinander. Um zu ermitteln, welche Gruppe falsch gezählt hat, addieren wir die gerundeten Wahrscheinlichkeiten für die Ergebnisse 1 und 2.

$\left.\begin{array}{l}p(1) \approx 0,38 \\ p(2) \approx 0,25\end{array}\right\}p(1 \text{ oder } 3) \approx 0,63$

Dann gilt wegen $p(1) + p(2) + p(3) = 1$ für $p(3)$: $\underline{p(3)} = 1 - 0,63 = \underline{0,37}$

Also hat die Gruppe 3 falsch gezählt; ihre relative Häufigkeit von 0,4943 ist anders nicht zu erklären.

b) $p(1) \approx 0,38$ (Felder a x c) $p(3) \approx 0,37$ (Felder b x c)

Demnach ist davon auszugehen, dass a und b etwa gleich lang sind.

44

1 a) Da die Schnittkante der Länge x parallel zur Seite $\overline{AB}$ verläuft, treten zwei ähnliche Dreiecke auf und es gilt: x : 60 cm = 110 cm : 150 cm

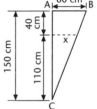

$\frac{x}{60 \text{ cm}} = \frac{110 \text{ cm}}{150 \text{ cm}}$ $x = \frac{110 \text{ cm} \cdot 60 \text{ cm}}{150 \text{ cm}}$ $x = 44$ cm

b) Dreieck: $A_D = \frac{1,1 \text{ m} \cdot 0,44 \text{ m}}{2}$ $A_D = 0,242$ m²

$A_{\text{abgeschnittenes Stück}} = A_{ABC} - A_D$

$= \frac{1,5 \text{ m} \cdot 0,6 \text{ m}}{2} - 0,242 \text{ m}^2$

$= 0,208 \text{ m}^2$

2 Die beiden dick gezeichneten Linien sind parallel, also treten ähnliche Dreiecke auf und es gilt:
x : 8 m = 33 m : 5 m

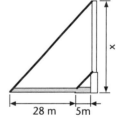

$x = \frac{8 \text{ m} \cdot 33 \text{ m}}{5 \text{ m}}$

$x = 52,8$ m

Der Schornstein ist 52,80 m hoch.

3 Die Sachsituation entspricht weitgehend der Aufgabe 2. Nennt man die Größe von Sebastian x, so gilt x : 1,45 m = 1,50 m : 1,20 m

$x = \frac{1,50 \text{ m} \cdot 1,45 \text{ m}}{1,20 \text{ m}} = 1,8125$ m

Sebastian ist ungefähr 1,80 m groß.

4 Der Graph von (1) schneidet die y-Achse an der Stelle –5 und steigt
(1 zur Seite, 2 nach oben) : y = 2x – 5; zugehöriger Graph B
Der Graph von (2) schneidet die y-Achse an der Stelle 3 und fällt
(1 zur Seite, 1 nach unten) : y = –x + 3; zugehöriger Graph C
Der Graph von (3) schneidet die y-Achse an der Stelle 2,5 und steigt
(1 zur Seite, 1,5 nach oben): y = 1,5x + 2,5; zugehöriger Graph D
Der Graph von (4) schneidet die y-Achse an der Stelle 0 (Nullpunkt) und fällt
(1 zur Seite, $\frac{1}{5}$ nach unten): y = $-\frac{1}{5}$x + 0; zugehöriger Graph A

44

5 a) Der Graph ist eine Gerade, die parallel zur x-Achse durch die Stelle – 2 der y-Achse verläuft.

b) Der Graph ist eine Gerade, die durch den Nullpunkt verläuft und fällt; und zwar bei einer Einheit zur Seite um 2 Einheiten nach unten (m = – 2).

6
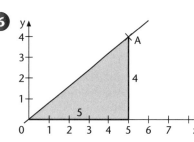

Am grauen Steigungsdreieck kann die Steigung m ermittelt werden:

$m = \frac{4}{5}$

$m = 0{,}8$

46

1 Aus dem angegebenen Gesamtpreis für 6 Runden lässt sich der Preis für eine Runde berechnen: 10,50 € : 6 = 1,75 €. Silke zahlt 14 €, sie ist also 14 : 1,75 = 8 Runden gefahren.

2

$\cdot \frac{5}{2}$

Anzahl der Pumpen	Zeit (in h)
2	12
5	4,8

$\cdot \frac{2}{5}$

5 Pumpen gleicher Leistung füllen das Becken in 4,8 Stunden (4 h und 48 min).

3
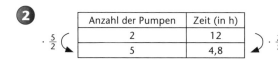

Zutat	Portionen
50 g Butter	6
1 000 g (1 kg) Butter	120
100 g Mehl	6
2 000 g (2 kg) Mehl	120
50 g Puderzucker	6
1 000 g Puderzucker	120
3 Eier	6
60 Eier	120
$\frac{1}{8}$ l Milch	6
2,5 l Milch	120
250 g Sahne	6
5 000 g (5 kg) Sahne	120

· 20 (jeweils links und rechts)

4 Mit 11 Pfosten im Abstand von 2,10 m wird eine Schallschutzmauer errichtet, die aus 10 Feldern (Zwischenraum zwischen den Pfosten) von 2,10 m Länge besteht und damit insgesamt 21 m lang ist. Wird der Abstand der Pfosten auf 1,50 m verringert, dann vergrößert sich die Anzahl der Felder.

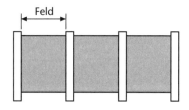

Feld

$\frac{7}{5}$

Anzahl der Felder	Abstand (in m)
10	2,10
14	1,50

$\cdot \frac{1{,}5}{2{,}1} = \frac{5}{7}$

4 Pfosten ergeben 4 – 3 = 3 Felder.
11 Pfosten ergeben 11 – 1 = 10 Felder.

Bei einem Abstand von 1,50 m werden 15 Pfosten benötigt.

5 Zwei mögliche Lösungswege sind:
① In der ersten Stunde leeren 4 Müllfahrzeuge 840 : 6 = 140 Hausmülltonnen. Jedes Müllfahrzeug leert damit stündlich 140 : 4 = 35 Mülltonnen. 5 Müllfahrzeuge müssen jetzt nur noch 840 – 140 = 700 Mülltonnen leeren. Ein Müllfahrzeug würde für diese Arbeit 700 : 35 = 20 Stunden benötigen. 5 Müllfahrzeuge benötigen dann nur ein Fünftel dieser Zeit, also 20 : 5 = 4 Stunden.
② Wir wissen, dass die Leerung aller Hausmülltonnen im Neubaugebiet von 4 Müllfahrzeugen in 6 h erledigt wird. Für 840 Mülltonnen werden also 4 · 6 h = 24 „Müllfahrzeugstunden" benötigt. In der ersten Stunde leisten vier Fahrzeuge vier Müllfahrzeugstunden. Die restlichen 20 Müllfahrzeugstunden werden nun von 5 Müllfahrzeugen geleistet, dies schaffen sie in 20 h : 5 = 4 h.

46

Da man die erste Stunde, in der 4 Müllfahrzeuge im Einsatz sind, bei der Frage nach der Gesamtzeit berücksichtigen muss, lautet die Antwort: Jetzt sind in 5 Stunden alle Hausmülltonnen im Neubaugebiet geleert.

6 a) Ein Planwagen bietet Platz für 12 Personen; 7 Planwagen für $7 \cdot 12 = 84$ Personen.
Für 88 Schülerinnen und Schüler müssen also 8 Planwagen gemietet werden.

b) 88 Schülerinnen und Schüler zahlen insgesamt $88 \cdot 6 € = 528 €$ Miete für die Fahrt mit acht Planwagen.
Acht Planwagen bieten Platz für $8 \cdot 12 = 96$ Personen. Der Gesamtmietpreis könnte also auf 96 Personen umgelegt werden; jede Person hätte dann $528 € : 96 = 5,50 €$ zu zahlen.

47

1 $\cdot 2 \begin{cases} u_1 = 2a + 2b \\ u_2 = 2 \cdot (2a) + 2 \cdot (2b) \\ u_2 = 2 (2a + 2b) \end{cases}$

Der Umfang verdoppelt sich.

2 $A_1 = \pi r^2$

$A_2 = \pi \cdot (4r)^2 \rightarrow A_2 = \pi \cdot 16r^2 \rightarrow A_2 = 16 \cdot (\pi r^2)$ ⟶ $\cdot 16$

Der Flächeninhalt versechzehnfacht sich.

3 $V_1 = a^3$

$V_2 = (\frac{1}{2}a)^3 \rightarrow V_2 = \left(\frac{1}{2}\right)^3 \cdot a^3 \rightarrow V_2 = \frac{1}{8}a^3$ ⟶ $\cdot \frac{1}{8}$

Das Volumen verringert sich auf ein Achtel.

4 Nennt man den Radius der kleinen Kugeln r, so hat die große Kugel den Radius 2r.
$4 \cdot V_1$ ist das gesamte Volumen aller kleinen Kugeln, V_2 das Volumen der großen Kugel.

$4V_1 = 4 \cdot \frac{4}{3}\pi \cdot r^3 \qquad V_2 = \frac{4}{3}\pi (2r)^3$

$4V_1 = \frac{16}{3}\pi r^3 \qquad V_2 = \frac{4}{3}\pi \cdot 8r^3$

$\qquad\qquad \cdot 2 \quad :2 \qquad V_2 = \frac{32}{3}\pi r^3$

Die vier kleinen Kugeln haben zusammen das halbe Volumen der großen Kugel, wiegen also zusammen 3,5 kg.

5 a) $O_1 = 2 ab + 2 ac + 2 bc \qquad O_2 = 2 \cdot (2a)(2b) + 2 (2a)(2c) + 2 (2b)(2c)$
$\qquad\qquad \cdot 4 \qquad\qquad\qquad O_2 = 8ab + 8ac + 8bc$
$\qquad\qquad :4 \longrightarrow\qquad O_2 = 4(2ab + 2ac + 2bc)$
Die Oberfläche vervierfacht sich.

b) $V_1 = a \cdot b \cdot c \qquad\qquad V_2 = (2a) \cdot (2b) \cdot (2c)$
$\qquad\qquad \cdot 8 \qquad\qquad\qquad V_2 = 8(a \cdot b \cdot c)$
$\qquad\qquad :8$
Das Volumen verachtfacht sich.

6 Generell gilt: Werden die Kantenlängen im Körper um den Faktor k vergrößert oder verkleinert, vergrößert oder verkleinert sich die Oberfläche um den Faktor k^2 und das Volumen um den Faktor k^3.
Im Bild wird deutlich, dass die gesamte Pyramide aus der Pyramidenspitze entsteht, wenn man die Kanten um den Faktor 4 vergrößert (Ähnlichkeit).

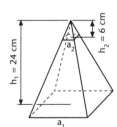

a) Die gesamte Pyramide hat das 4^3fache, also das 64fache Volumen der Spitze. Deshalb wiegt die abgeschnittene Spitze 31,25 g (2000 g : 64).

b) Die gesamte Pyramide hat die 4^2fache, also die 16fache Oberfläche der Spitze. Deshalb ist der Wert $\frac{1}{16}$ anzukreuzen.

48

1 a) Aus dem Graphen, der Inas Fahrt beschreibt, ist abzulesen, dass
   – Ina nach einer Viertelstunde erst 4 km zurückgelegt hat (NEIN).
   – Ina nach 30 Minuten (um 19.30 Uhr) eine Rast einlegt (JA).
   – Inas durchschnittliche Geschwindigkeit zu Beginn ihrer Fahrt 4 km in 15 Minuten, also 16 km in 60 Minuten bzw. $16\frac{km}{h}$ beträgt (NEIN).

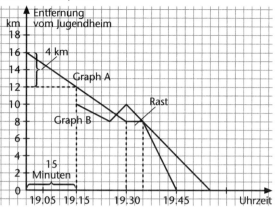

   b) Eine mögliche Beschreibung wäre: Paul steigt um 19.15 Uhr auf sein Fahrrad und macht sich auf den Weg zum Jugendheim. Nach 2 km Fahrt (oder nach 10 Minuten) stellt er fest, dass er seinen Haustürschlüssel zu Hause vergessen hat.
   Er kehrt um und radelt schnell (mit der doppelten Geschwindigkeit als zuvor) zurück. Schon von weitem sieht er seinen Vater mit dem Schlüsselbund vor dem Haus auf ihn warten. Nur ein kurzes Dankeschön und schon radelt Paul wieder los. Ohne Pause und mit gleichbleibender Geschwindigkeit legt er nun die 10 km lange Fahrt zurück. Kurz vor Beginn der Party (um 19.55 Uhr) trifft Paul am Jugendheim ein.
   c) Paul startet um 19.15 Uhr. Wäre er zeitgleich mit Ina um 19.45 Uhr angekommen, hätte er den 10 km langen Weg von Zuhause bis zum Jugendheim in 30 Minuten zurücklegen müssen. Dies gelingt mit einer konstanten (gleichbleibenden) Geschwindigkeit von 10 km in 30 Minuten bzw. 20 km in 60 Minuten. Die Antwort lautet also: Paul hätte die gesamte Strecke mit einer konstanten Geschwindigkeit von $20\frac{km}{h}$ fahren müssen, um zeitgleich mit Ina anzukommen.

2 Eine mögliche Lösung ist im Koordinatensystem dargestellt. Je langsamer die Wandergeschwindigkeit ist, desto geringer ist die Steigung des entsprechenden Graphenabschnitts.

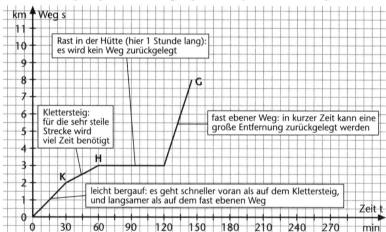

49

1 a) Die Aktie ist von G = 33,90 € um W = 3,70 € gesunken.

$p\% = \frac{3,70\ €}{33,90\ €}$ $p\% = 0,10914 ...;$ $p\% \approx 10,9\%$

   b) $\frac{33,60\ € + 32,10\ € + 34,10\ € + 34,60\ € + 33,90\ € + 30,20\ €}{6} = 33,08\overline{3}\ €$

   Den Durchschnitt des letzten Jahres hat die Aktie nicht erreicht.
   c) Der Eindruck entsteht dadurch, dass die €-Achse nicht bei 0 €, sondern bei 30 € beginnt.

49

d)

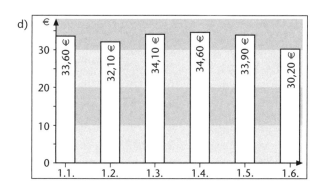

2 a) Schule 1:

Mädchen im Sportverein
$p\% = \frac{74}{745} \approx 9{,}9\% \rightarrow 36°$

Jungen im Sportverein
$p\% = \frac{91}{745} \approx 12{,}2\% \rightarrow 44°$

Schule 2:
Mädchen im Sportverein
$p\% = \frac{69}{571} \approx 12{,}1\% \rightarrow 43{,}5°$

Jungen im Sportverein
$p\% = \frac{84}{571} \approx 14{,}7\% \rightarrow 53°$

Schule 1 Schule 2

M: Mädchen im Sportverein
J: Jungen im Sportverein

b) Die Statistik erlaubt diese Aussage nicht; in der anderen Schule ist der Anteil der Schülerinnen und Schüler in einem Sportverein höher.

c) Um diese Aussage überprüfen zu können, müsste man für beide Schulen wissen, wie sich die Gesamtschülerschaft aus Mädchen und Jungen zusammensetzt.

50

1 Der Zeitraum von 5.15 Uhr bis 21.38 Uhr umfasst 16 h und 23 min.

2 Rechnet man von 16.07 Uhr eine Stunde zurück, erhält man die Uhrzeit 15.07 Uhr. Die Zugfahrt dauerte aber noch weitere 24 Minuten. Also: 15 h 7 min – 24 min = 14 h 67 min – 24 min = 14 h 43 min. Jürgen begann seine Bahnfahrt um 14.43 Uhr.

3

	Uhrzeit	C. Sandschepers Zeiten
START	7.00 Uhr	
3,8 km Schwimmen	7:58 Uhr	58 min
180 km Rad fahren	13:02 Uhr	5 h 4 min
Marathon		3 h 13 min 14 s
ZIEL	16:15:14 Uhr	

4 Martina muss eine Stunde vor Abflug, also um 14.10 Uhr am Flughafen sein. Für die Autofahrt zum Flughafen veranschlagt sie 45 Minuten. Dann muss sie also um 13.25 Uhr aufbrechen, um pünktlich am Check-in-Schalter zu sein.

5 a) Um die Geschwindigkeit des Zuges berechnen zu können, benötigt man die Angabe von Zeit und zurückgelegter Strecke für ein und denselben Zugteil. Dies ist in der Aufgabenstellung nicht der Fall: Wir wissen lediglich, dass der Triebwagen um 12.56 Uhr in den Tunnel einfährt und dass der letzte Wagen den Tunnel zwei Minuten später, also um 12.58 Uhr, verlässt. Da aber der Zug mit konstanter Geschwindigkeit fährt, dürfen wir folgende Lösungsidee nutzen: Wäre der Tunnel 500 m länger, würde die Lok um 12.58 Uhr den (längeren) Tunnel verlassen. Dann hätte die Lok eine Strecke von 6 km in 2 Minuten zurückgelegt. Das entspricht einer Geschwindigkeit von $180\ \frac{km}{h}$. Da der Zug mit gleichbleibender Geschwindigkeit fährt, und zwar unabhängig von der Länge des Tunnels, lautet die Antwort: Der Zug fährt mit einer Geschwindigkeit von $180\ \frac{km}{h}$ durch den Tunnel.

15

50

b) Jeder Wagen des Zuges legt 5,5 km Tunnelstrecke zurück. Jeder Wagen bewegt sich mit einer Geschwindigkeit von 180 $\frac{km}{h}$, das entspricht einer Strecke von 3 km in der Minute oder auch 500 m in 10 Sekunden.
Der Zug fährt um 12.56 Uhr in den Tunnel ein. Wenn der Zug 250 m zurückgelegt hat, erreicht Tims Wagen (Mitte des 500 m langen Zuges) den Tunnel. Da die Lok 500 m in 10 Sekunden zurücklegt, fährt Tims Wagen also 5 Sekunden nach 12.56 Uhr in den Tunnel ein.
Tims Wagen legt 500 m in 10 Sekunden zurück, den 5,5 km langen Tunnel durchfährt er also in 10 Sekunden.
Seit 12:56:05 Uhr sind also 10 Sekunden vergangen, als Tim auf die Uhr sieht. Zu diesem Zeitpunkt zeigt seine Uhr also 12:57:55 Uhr.

51

1 Das Plastikband besteht aus zwei Halbkreisen, die zusammen einen Kreis bilden, und zwei Strecken der angegebenen Längen.
$l = 6r + 6r + 2\pi r$
$l = 6 \cdot 5\,cm + 6 \cdot 5\,cm + 2\pi \cdot 5\,cm$
$l \approx 91,4\,cm$

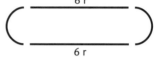

2 Das Plastikband besteht aus drei Drittelkreisen, die zusammen einen Kreis bilden, und drei Strecken der angegebenen Längen.
$l = 4r + 4r + 4r + 2\pi r = 12r + 2\pi r$
$l = 12 \cdot 6\,cm + 2\pi \cdot 6\,cm$
$l \approx 109,7\,cm$

3 a) $\alpha = 60°$, nämlich der 6.Teil vom Vollwinkel 360°;
β und γ sind gleich groß, weil das Dreieck gleichschenklig ist;
Wegen der Winkelsumme von 180° gilt: $\beta = \gamma = 60°$.
Das Dreieck FME ist also gleichseitig.

b) Die einzelnen Teilstrecken sind jeweils 8 cm lang, wie aus den Überlegungen zu Teilaufgabe a) folgt.
$u_6 = 6 \cdot 8\,cm = 48\,cm$

c) $u_K = 2 \cdot \pi \cdot 8\,cm = 50,2655...\,cm$
$u_6 = 48\,cm$
Der Grundwert G = 48 cm ist um W = 2,2655 cm gewachsen.

$p\,\% \approx \frac{2,2655}{48} \approx 4,7\,\%$

Der Umfang des Kreises ist um etwas mehr als 4,7 % größer als der Umfang des regelmäßigen Sechsecks.

d) Nach dem Satz des Pythagoras gilt:
$h^2 + (4\,cm)^2 = (8\,cm)^2$
$h^2 + 16\,cm^2 = 64\,cm^2 \quad |-16\,cm^2$
$h^2 = 48\,cm^2$
$h \approx 6,93\,cm$

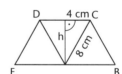

$A = \frac{a+c}{2} \cdot h \qquad A \approx \frac{16\,cm + 8\,cm}{2} \cdot 6,93\,cm$

$A \approx 83,16\,cm^2$

e) ohne Trapezformel: Das Trapez besteht aus drei Dreiecken mit der Grundseite 8 cm und der Höhe 6,93 cm.

$A = 3 \cdot \frac{8\,cm \cdot 6,93\,cm}{2}$

$A = 83,16\,cm^2$
Der Flächeninhalt vervierfacht sich (k = 2, $k^2 = 4$).
Der Umfang verdoppelt sich (k = 2).

51

④ Es gilt A = 0,25 m²
    a² = 0,25 m²
     a = 0,5 m

Der Kreis hat einen Durchmesser von 0,5 m und deshalb einen Radius von 0,25 m.

a) $A_K = \pi \cdot (0{,}25\ m)^2$ $u_K = 2\pi \cdot 0{,}25\ m$
   $A_K \approx 0{,}196\ m^2$ $u_K \approx 1{,}57\ m$

b) Von 0,25 m² Platte werden 0,25 m² − 0,196 m² = 0,054 m² als Abfall abgesägt.

   $p\% = \dfrac{0{,}054\ m^2}{0{,}25\ m^2} = 21{,}6\ \%$ Abfall

52

① a) Das Volumen des Quaders berechnet sich aus 40 cm · 15 cm · 30 cm = 18 000 cm³.

b) Pro Minute fließen 150 cm³ in den Behälter ein, für 18 000 cm³ werden dann
   18 000 cm³ : $\dfrac{150\ cm^3}{min}$ = 120 Minuten, also 2 h benötigt.

c) Da der Behälter gleichmäßig gefüllt wird, ist die zugehörige Funktion linear und der Funktionsgraph eine Gerade. Um den Graph zeichnen zu können, braucht man nur 2 Punkte.

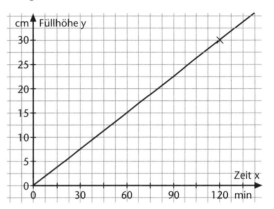

   – Der Graph verläuft durch den Punkt P (0|0), da der Behälter zu Beginn keine Flüssigkeit enthält, die Füllhöhe also 0 cm beträgt.
   – Nach 120 Minuten ist der Behälter voll, d. h. die Füllhöhe nach 120 Minuten entspricht der Höhe des Behälters, nämlich 30 cm. Damit kennen wir einen zweiten Punkt des Graphen: Q (120|30).

d) Die zugehörige Funktionsgleichung hat die Form y = m · x + b. Ein möglicher Lösungsweg ist es, die Werte für m und b aus dem Graphen abzulesen:
   $b = 0$ und $m = \dfrac{30}{120} = \dfrac{1}{4}$.

   Die gesuchte Funktionsgleichung lautet also: y = 0,25x.

② a) V =   V₁   +   V₂
   V = 40 cm · 15 cm · 10 cm + 20 cm · 15 cm · 20 cm
   V =   6 000 cm³   +   6 000 cm³
   V =   12 000 cm³

Da 150 cm³ in der Minute in den Behälter fließen, dauert der Füllvorgang
12 000 cm³ : 150 $\frac{cm^3}{min}$ = 80 Minuten.

b) Bei diesem zusammengesetzten Körper ist auch der zugehörige Graph aus Teilgraphen zusammengesetzt, die jeweils den Füllvorgang eines Teilkörpers beschreiben. Der Teilkörper 1 ist in 6 000 cm³ : 150 $\frac{cm^3}{min}$ = 40 Minuten gefüllt. Die Füllhöhe beträgt zu diesem Zeitpunkt 10 cm. Die Punkte (0|0) und (40|10) bestimmen diesen Teil des Graphen. Der Teilkörper 2 ist ebenfalls in 40 Minuten gefüllt. Die Füllhöhe beträgt anfangs 10 cm, bei vollständig gefülltem Körper 30 cm. Die Punkte (40|10) und (80|30) bestimmen diesen Teil des Graphen.

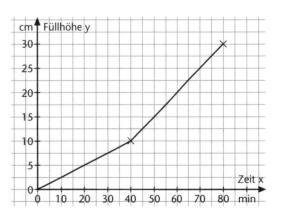

52

3 a)

Gefäß	Graph	Mögliche Begründung
A	④	Der untere Teil des Körpers hat ein geringeres Volumen als der obere. Bei gleichmäßiger Befüllung muss der Graph also einen Wechsel von einem schnelleren zu einem langsameren Füllvorgang zeigen. Da es sich bei beiden Teilkörpern um Quader handelt, verläuft der Füllvorgang stückweise linear.
B	③	Der untere Teil des Körpers hat ein geringeres Volumen als der obere. Bei gleichmäßiger Befüllung muss der Graph also einen Wechsel von einem schnelleren zu einem langsameren Füllvorgang zeigen. Da der obere Teil die Form eines Kegelstumpfes besitzt, verläuft der Füllvorgang nur anfangs linear.
C	①	Für Quader D und Würfel C sind die Füllvorgänge linear. Da die Grundfläche des Quaders größer ist als die des Würfels, verläuft der Füllvorgang des Quaders deutlich langsamer als der des Würfels. Der Graph mit der geringeren Steigung gehört also zum Quader.
D	②	

b) Eine mögliche Lösung ist ein aus 3 Teilquadern zusammengesetztes Gefäß:

53

1 Die Meldung beinhaltet zwei Fehler.
 – Der erste Fehler steckt in der Formulierung „Die letzte Saison fiel dagegen deutlich besser aus". Jedes 3. Spiel zu gewinnen, bedeutet z. B. bei 4 von 12 Spielen als Sieger vom Platz zu gehen. Jedes 6. Spiel zu gewinnen, bedeutet dagegen in diesem Beispiel nur bei 2 von 12 Spielen siegreich zu sein.
 – Der zweite Fehler liegt in der Angabe „Steigerung um 50 %". Tatsächlich gewinnt die C-Mannschaft nur noch halb so viele Spiele; richtig wäre es von einer Verminderung um 50 % zu sprechen.

2 Der Fehler steckt in der Formulierung „jeder 64. Einwohner". Laut Grafik verfügen 64 von 100 Einwohnern Japans (J) im Jahr 2002 über einen Mobiltelefonvertrag. Das entspricht einem Anteil von 64 %. Anders: Fast jeder 2. Japaner (denn 100 : 64 ≈ 1,6) besitzt einen Mobiltelefonvertrag.

3 Betrachtet man im abgebildeten Diagramm die Säulen, die das Umfrageergebnis zur Freizeitaktivität „Computer" zeigen, erkennt man, dass die Säule zu den Klassen 9/10 dreimal so hoch ist wie die Säule zu den Klassen 5/6. Der Text gibt das Umfrageergebnis korrekt wieder.
In der Grafik der Schülerzeitung sind die verschiedenen Häufigkeiten in Form von Quadern dargestellt. Der den Umfrageergebnissen der Klassen 9 und 10 gehörende Quader besitzt nicht das 3fache, sondern das 27fache Volumen des Quaders, der für die Umfrageergebnisse in den Klassen 5 und 6 steht. Die Grafik stellt den Unterschied zwischen den Jahrgangsstufen stark vergrößert und damit unzutreffend dar.

54

1

	durch 4 teilbar		durch 5 teilbar
112 =	12	+	100
112 =	32	+	80
112 =	52	+	60
112 =	72	+	40
112 =	92	+	20

In der Tabelle sind die fünf verschiedenen Möglichkeiten angegeben.

2 Voraussetzung für die Ableitung neuer Teilbarkeitsregeln ist, dass die zwei bekannten Teiler einer Zahl teilerfremd sind oder anders ausgedrückt: Die neue Teilbarkeitsregel kann nur für das kleinste gemeinsame Vielfache der beiden bekannten Teiler der Zahl formuliert werden.
(A) kgV (2; 3) = 2 · 3 = 6   Aussage (A) ist richtig.
(B) kgV (4; 5) = 2 · 2 · 5 = 20   Aussage (B) ist richtig.
(C) kgV (4; 6) = 2 · 2 · 3 = 12
     Gegenbeispiele: Die Zahlen 12 und 36 sind durch 4 und 6 teilbar, aber nicht durch 24.
                                  Aussage (C) trifft nicht zu.
(D) kgV (4; 9) = 2 · 2 · 3 · 3 = 36   Aussage (D) ist richtig.

54

3 Es gibt zehn 4-stellige Zahlen mit der Quersumme 3, und zwar:

T	H	Z	E
1	1	1	0
1	1	0	1
1	0	1	1

1	2	0	0
1	0	2	0
1	0	0	2

2	1	0	0
2	0	1	0
2	0	0	1

3	0	0	0

4 Um 7 Uhr fahren die Busse der drei Linien gleichzeitig vom Bahnhof ab. Ihre nächsten gemeinsamen Abfahrten ermittelt man, indem man zunächst das kleinste gemeinsame Vielfache von 10, 4 und 6 (Minuten) ermittelt. Dies geschieht z. B. mittels Primfaktorzerlegung.

$$10 = 2 \qquad \cdot 5$$
$$4 = 2 \cdot 2$$
$$\underline{6 = 2 \qquad \cdot 3}$$
$$2 \cdot 2 \cdot 3 \cdot 5 = 60$$

Die Busse der drei Linien fahren also 60 Minuten später das nächste Mal gleichzeitig ab und damit zu jeder vollen Stunde. In der Zeit zwischen 8.55 Uhr und 12.05 Uhr gibt es vier weitere gemeinsame Abfahrten der drei Linien vom Bahnhof.

5 a) Der 7-stellige Turbo lautet: 1 1 2 7 1 1 1 *oder* 1 1 2 1 1 7 1.
b) 0 darf nie in einem Turbo auftreten, da sonst das Produkt stets 0 wäre, die Quersumme aber nicht.
c) Es gibt 12 verschiedene 4-stellige Turbos.

T	H	Z	E
1	1	2	4
1	1	4	2
1	2	1	4
1	2	4	1
1	4	1	2
1	4	2	1

2	1	1	4
2	1	4	1
2	4	1	1

4	1	1	2
4	1	2	1
4	2	1	1

55

1 a) Hier geht es um den Umfang des Anstoßkreises, auf dem sich 22 Spieler verteilen.
$$u = \pi \cdot d \qquad\qquad 57{,}49 : 22 \approx 2{,}61$$
$$u = \pi \cdot 18{,}30 \text{ m}$$
$$u \approx 57{,}49 \text{ m}$$
Die Spieler stünden rund 2,60 m voneinander entfernt auf dem Anstoßkreis.
b) Hier geht es um den Flächeninhalt des Anstoßkreises, den sich 22 Spieler teilen.
$$A = \pi \cdot r^2 \qquad\qquad 263 \text{ m}^2 : 22 \approx 11{,}955 \text{ m}^2$$
$$A = \pi \cdot (9{,}15 \text{ m})^2$$
$$A \approx 263 \text{ m}^2$$
Jeder Spieler hätte ungefähr 12 m² Platz.

2 $A = 16{,}50 \text{ m} \cdot (2 \cdot 16{,}50 \text{ m} + 7{,}32 \text{ m}) - 5{,}50 \text{ m} \cdot 18{,}32 \text{ m}$ (Strafraum – Torraum)
$A = 665{,}28 \text{ m}^2 - 100{,}76 \text{ m}^2$
$A = 564{,}52 \text{ m}^2$
Der Strafraum außerhalb des Torraums ist ca. 564,5 m² groß.

3 a) $x^2 = (11 \text{ m})^2 + (3{,}66 \text{ m})^2$
$x^2 = 134{,}3956 \text{ m}^2$
$x \approx 11{,}59 \text{ m}$

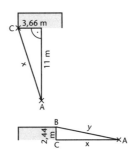

$y^2 = x^2 + (2{,}44 \text{ m})^2$
$y^2 = 134{,}3956 \text{ m}^2 + 5{,}9536 \text{ m}^2$
$y^2 = 140{,}3492 \text{ m}^2$
$y \approx 11{,}85 \text{ m}$
Der Ball legt einen Weg von 11,85 m zurück.

55

b) $x^2 = 2 \cdot (16{,}50\text{ m})^2$
$x^2 = 544{,}5\text{ m}^2$
$x \approx 23{,}33\text{ m}$

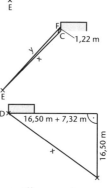

$y^2 = x^2 + (1{,}22\text{ m})^2$
$y^2 = 544{,}5\text{ m}^2 + 1{,}4884\text{ m}^2$
$y^2 = 545{,}9884\text{ m}^2$
$y \approx 23{,}367\text{ m}$
Der Ball legt einen Weg von 23,37 m zurück.

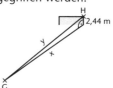

c) $x^2 = (16{,}5\text{ m})^2 + (23{,}82\text{ m})^2$
$x^2 = 839{,}6424\text{ m}^2$
$x \approx 28{,}98\text{ m}$
Der Ball legt einen Weg von 28,98 m zurück.

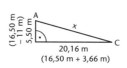

d) Hier kann auf den Weg x aus der Teilaufgabe c) zurückgegriffen werden.
$y^2 = x^2 + (2{,}44\text{ m})^2$
$y^2 = 839{,}6424\text{ m}^2 + 5{,}9536\text{ m}^2$
$y^2 = 845{,}596\text{ m}^2$
$y \approx 29{,}08\text{ m}$
Der Ball legt einen Weg von 29,08 m zurück.

4 $x^2 = (5{,}50\text{ m})^2 + (20{,}16\text{ m})^2$
$x^2 = 436{,}6756\text{ m}^2$
$x \approx 20{,}897\text{ m}$
Der Abstand beträgt rund 20,90 m.

56

1 a) 1. $20x + 5y = 1$ $| \cdot 2$
2. $13x - 10y = 3{,}3$
_____

1. $40x + 10y = 2$ ⎤
2. $13x - 10y = 3{,}3$ ⎦ $+$

$53x = 5{,}3$ $| : 53$
$x = 0{,}1$
⟶ 1. $20 \cdot 0{,}1 + 5y = 1$
$2 + 5y = 1$ $| -2$
$5y = -1$ $| : 5$
$y = -0{,}2$
Lösung: $x = 0{,}1$ und $y = -0{,}2$.

b) 1. $3x + 2y = 16$ $| \cdot 2$
2. $2x + 3y = 19$ $| \cdot 3$
_____

1. $6x + 4y = 32$ ⎤
2. $6x + 9y = 57$ ⎦ $-$

$-5y = -25$ $| : (-5)$
$y = 5$
⟶ 1. $3x + 2 \cdot 5 = 16$
$3x + 10 = 16$ $| -10$
$3x = 6$ $| : 3$
$x = 2$
Lösung: $x = 2$ und $y = 5$

c) 1. $3x + 4y = 1$ $| \cdot 2$
2. $6x + 8y = 0$
_____

1. $6x + 8y = 2$ ⎤
2. $6x + 8y = 0$ ⎦ $-$
_____

$0 = 2$
Das ist aber für alle x- und alle y-Werte falsch.
Deshalb gibt es keine Lösungen.

d) 1. $3x + 2y = 8$ $| \cdot 3$
2. $9x + 6y = 24$
_____

1. $9x + 6y = 24$
2. $9x + 6y = 24$
_____

Die beiden Gleichungen sind gleich.
Es gibt unendlich viele Lösungen,
z.B. $x = 0$ und $y = 4$;
$x = 1$ und $y = 2{,}5$

2 x: Anzahl der kleinen Scheine (5 €-Scheine); y: Anzahl der größeren Scheine (10 €-Scheine)
1. $5x + 10y = 50$
2. $x = 3y$
_____

⟶ 1. $5 \cdot 3y + 10y = 50$
$25y = 50$ $| : 25$
$y = 2$

⟶ 1. $x = 3 \cdot 2$
$x = 6$

Es sind zwei 10 €-Scheine und sechs 5 €-Scheine.

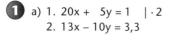

56

3 1. Lösung durch Vermuten oder Probieren.
2. Lösung mit Gleichungen:
x = Preis der Flasche (in €); y = Preis des Korkens (in €)
$$x + y = 1,1 \text{ und } x = y + 1$$
also: $(y + 1) + y = 1,1$
$$2y + 1 = 1,1$$
$$y = 0,05 \text{ und } x = 1,05$$
Die Flasche kostet 1,05 €, der Korken 0,05 € (5 Cent).

4 a) • Nimmt man von der rechten Waage auf jeder Seite ein blaues Säckchen von der Waagschale, so bleibt die Waage im Gleichgewicht, d. h. wir wissen nun, dass ein weißer Zylinder genauso schwer ist wie zwei Kugeln.
  • Ersetzt man bei der linken Waage den weißen Zylinder durch zwei Kugeln, liegen auf der linken Waagschale drei Kugeln und auf der rechten Waagschale drei blaue Säckchen.
  • Also: Eine Kugel ist so schwer wie ein blaues Säckchen.
 b) • Durch die rechte Waage wissen wir, dass zwei Quader genauso schwer sind wie eine blaue Schale.
  • Ersetzt man bei der rechten Waage die blaue Schale durch zwei Quader, so bleibt die Waage im Gleichgewicht.
  • Nimmt man auf beiden Seiten der rechten Waage nun je einen Quader fort, kann man ablesen, dass ein Quader so schwer wie vier Kugeln ist.
  • Durch die rechte Waage wissen wir, dass zwei Quader genauso schwer sind wie eine blaue Schale.
  • Dann gilt: acht Kugeln sind genauso schwer wie eine blaue Schale.

5 a) x: Kartenpreis Erwachsene; y: Kartenpreis Kind
  1. $2x + 3y = 57$
  2. $3x + y - 10 = 44 \quad | +10$
  ─────────────────────
  2. $3x + y = 54$
  $\quad y = -3x + 54$
  ⟶ 1. $2x + 3 \cdot (-3x + 54) = 57$
  $\qquad\qquad 2x - 9x + 162 = 57$
  $\qquad\qquad\quad -7x + 162 = 57 \quad | -162$
  $\qquad\qquad\qquad\quad -7x = -105 \quad | :(-7)$
  $\qquad\qquad\qquad\qquad\quad x = 15$
  ⟶ 1. $\qquad\qquad 2 \cdot 15 + 3y = 57$
  $\qquad\qquad\quad 30 + 3y = 57 \quad | -30$
  $\qquad\qquad\qquad\quad 3y = 27 \quad | :3$
  $\qquad\qquad\qquad\quad\; y = 9$
  Eine Theaterkarte kostet für einen Erwachsenen 15 €, für ein Kind 9 €.
 b) Aus den in a) bestimmten Preisen der Karten für einen Erwachsenen bzw. ein Kind folgt:
  $15\,E + 9\,K = 75$
  Durch Probieren findet man dafür zwei Lösungen: E = 5, K = 0 und E = 2 und K = 5.
  Es können also 5 Erwachsene ohne Kinder oder 2 Erwachsene und 5 Kinder sein.

57

1 a) 1. Rechenweg: $4 \cdot 30 \cdot 5 + 4 \cdot 5^2 = 700$
  2. Rechenweg: $2 \cdot (30 + 10) \cdot 5 + 2 \cdot 30 \cdot 5 = 700$
  Der Flächeninhalt des Rahmens ist 700 cm².
 b) 1. Formel (Term): $A = 4 \cdot 30 \cdot x + 4 \cdot x^2 = 120x + 4x^2 = 4x(30 + x)$
  2. Formel (Term): $A = 2 \cdot (30 + 2x) \cdot x + 2 \cdot 30 \cdot x$
  $\qquad\qquad\qquad\quad = 2x(30 + 2x) + 60x$
 c) Zu lösen ist die Gleichung
  $\quad 4x^2 + 120x = 256 \quad | :4$
  $\qquad x^2 + 30x - 64 \qquad$ | quadratische Ergänzung (oder Lösungsformel)
  $x^2 + 30x + 15^2 = 64 + 15^2$
  $\quad (x + 15)^2 = 289 \quad | \sqrt{}$
  $\qquad\; x + 15 = 17 \qquad (x + 15 = -17 \text{ ergibt keine Lösung des Problems!})$
  $\qquad\qquad\; x = 2$
  Probe: $4 \cdot 2^2 + 120 \cdot 2 = 4 \cdot 4 + 240 = 256$
  Der Rahmen hat eine Breite von 2 cm.

21

d) Flächeninhalt (in cm²) des großen Quadrats einschließlich Rahmen:
A = 30² + 120x + 4x² = 4x² + 120x + 900

e) Umformung der Formel für A auf Scheitelpunktform:
(A =) $y = 4x^2 + 120x + 900$ | 4 ausklammern
$\quad\quad y = 4 \cdot (x^2 + 30x) + 900$ | quadr. Ergänzung
$\quad\quad y = 4 \cdot (x^2 + 30x + 15^2) - 4 \cdot 15^2 + 900$
$\quad\quad y = 4 \cdot (x + 15)^2$

Die Parabel hierzu hat den Scheitelpunkt $S(-15|0)$. Dazu passt der Graph (A).

2

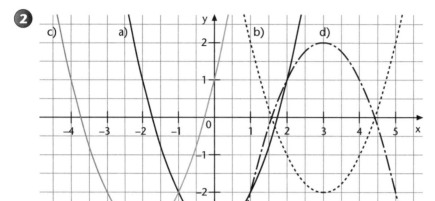

Die Graphen zu a) bis d) sind verschobene Normalparabeln, zu d) ist die Parabel (zusätzlich gespiegelt) nach unten geöffnet.

3 Funktonsgleichung $y = x^2 - 5x - 2,75$

a) Der Graph ist eine nach oben geöffnete Parabel. Am Scheitelpunkt $S(x_s|y_s)$ ist y am kleinsten.
Umformung: $y = x^2 - 5x - 2,75$
$\quad\quad\quad\quad = x^2 - 5x + (2,5)^2 - (2,5)^2 - 2,75$
$\quad\quad\quad\quad = (x - 2,5)^2 - 9$

Scheitelpunkt ist $S(2,5|-9)$. Für $x_s = 2,5$ wird der kleinste y-Wert $y_s = -9$ angenommen.

b)

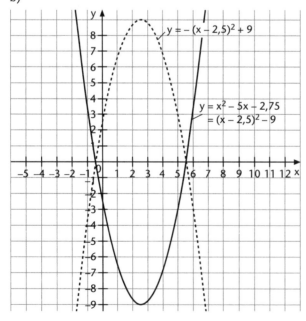

57 **4** Der Brückenbau ist eine nach unten geöffnete Parabel, die symmetrisch zur y-Achse verläuft. Ihr Scheitelpunkt ist S(0|75). Die x-Achse entspricht der Fahrbahn.
a) Der höchste Bogenpunkt liegt 75 m über der Fahrbahn.
b) Wegen der Spannweite von 200 m ist für x = 100 der y-Wert 0, d. h.
$0 = -a \cdot 100^2 + 75$. Mit dieser Gleichung gilt: $a = 75 : 10\,000 = 0{,}0075$.
Die Funktionsgleichung lautet: $y = -0{,}0075x^2 + 75$.

58 **1** Man könnte die Kartoffel abschätzen zwischen einem Zylinder und zwei Kugeln:

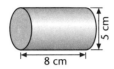

d = 3 cm d = 5 cm

$V_1 = \pi \cdot (2{,}5 \text{ cm})^2 \cdot 8 \text{ cm}$ $V_2 = \frac{4}{3}\pi (1{,}5 \text{ cm})^3 + \frac{4}{3}\pi (2{,}5 \text{ cm})^3$

$V_1 \approx 157 \text{ cm}^3$ $V_2 \approx 80 \text{ cm}^3$

Die Dichte ϱ einer Kartoffel beträgt ca. $1{,}13 \frac{g}{cm^3}$ ($68 \text{ g} : 60 \text{ cm}^3$).

Masse m_1 des Zylinders: $m_1 \approx 157 \text{ cm}^3 \cdot 1{,}13 \frac{g}{cm^3}$
                     $m_1 \approx 177 \text{ g}$
Masse m_2 der Doppelkugel: $m_2 \approx 80 \text{ cm}_3 \cdot 1{,}13 \frac{g}{cm^3}$
                       $m_2 \approx 90{,}4 \text{ g}$
Die Doppelkugel ist die deutlich bessere Abschätzung der Kartoffel als der Zylinder, deshalb trifft von den angegebenen Massen 120 g zu.

2 Der Mann, der in Wirklichkeit 1,75 m groß ist, ist im Bild 17 mm hoch, die Säule hat im Bild die Höhe 35 mm und den Durchmesser 9 mm. Es muss umgerechnet werden:
1 mm im Bild entspricht 10,3 cm in Wirklichkeit (175 cm : 17).
Höhe der Säule: $10{,}3 \text{ cm} \cdot 35 \approx 3{,}60 \text{ m}$
Durchmesser der Säule: $10{,}3 \text{ cm} \cdot 9 \approx 0{,}93 \text{ m}$
a) $V = \pi r^2 \cdot h$ $V = \pi \cdot (0{,}465 \text{ m})^2 \cdot 3{,}60 \text{ m}$
   $V \approx 2{,}445 \text{ m}^3$
Die Steinsäule hat ein Volumen von knapp 2,5 m³.

b) $m = V \cdot \varrho$ $m = 2{,}445 \text{ m}^3 \cdot 2{,}2 \frac{t}{m^3}$
        $\uparrow$
   Dichte $m \approx 5{,}38 \text{ t}$
Die Steinsäule wiegt knapp 5,4 t.

3 Am Rand hat das Fass einen Deckel von rund 0,33 m² (ein Drittel Quadratmeter) Größe. Damit kann der Radius am Rand ausgerechnet werden.

$A = \pi r^2$ $r^2 = \frac{A}{\pi}$

        $r = \sqrt{\frac{A}{\pi}}$

        $r = \sqrt{\frac{0{,}33 \text{ m}^2}{\pi}}$ $r \approx 32 \text{ cm}$

In der Mitte hat das Fass einen Durchmesser von 80 cm, also einen Radius von 40 cm. Man kann das Fass durch einen Zylinder annähern, dessen Radius der Mittelwert von 32 cm und 40 cm, also 36 cm ist. Der Inhalt wird in Litern berechnet, also wählt man die Maße in der Einheit „dm", weil $1 \text{ }l = 1 \text{ dm}^3$ gilt.
$h = 15 \text{ dm}$ $V = \pi \cdot r^2 h$
              $V = \pi \cdot (3{,}6 \text{ dm})^2 \cdot 15 \text{ dm}$
$r - 3{,}6 \text{ dm}$ $V \approx 611 \text{ dm}^3 \; (\approx 6{,}11 \text{ h}l)$
In das Fass passen etwas mehr als 6 hl hinein.

4 (1) Man kann die Tube zwischen zwei Zylindern abschätzen: Beide sind 10 cm hoch, der Zylinder 1 hat einen Radius von 2 cm und der Zylinder 2 einen Radius von 1 cm.
   $V_1 = \pi \cdot (2 \text{ cm})^2 \cdot 10 \text{ cm} = 125{,}7 \text{ cm}^3$ $V_2 = \pi \cdot (1 \text{ cm})^2 \cdot 10 \text{ cm} = 31{,}4 \text{ cm}^3$
   Der Mittelwert liegt bei knapp 80 cm³.

23

58

(2) Genauer ist die Arbeit mit der Volumenformel für Kegelstümpfe:

$V = \frac{1}{3} \pi h (r_1^2 + r_1 \cdot r_2 + r_2^2)$

$V = \frac{1}{3} \pi \cdot 10 \text{ cm} [(1 \text{ cm})^2 + 1 \text{ cm} \cdot 2 \text{ cm} + (2 \text{ cm})^2]$

$V = 73{,}3 \text{ cm}^3$

Beide Berechnungen ergeben, dass der Inhalt der Flasche zwischen 60 cm³ und 100 cm³ liegt.

59

1 a) b) c)

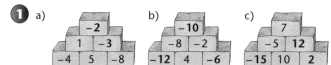

d) e)

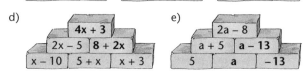

2 a) $-2x - 11$ b) $-3u + 7$

3 a) $-30y - 40$ b) $-8 - (24 + 8u) = -8 - 24 - 8u = -32 - 8u$

4 Addiert man zwei ungerade oder zwei gerade Zahlen, ergibt sich eine gerade Zahl.

Addiert man eine ungerade und eine gerade Zahl, so ergibt sich wieder eine ungerade Zahl.

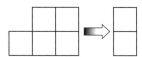

Folgende Terme stellen eine durch 2 teilbare Zahl dar:

	Term	Da n durch 2 teilbar ist, setze n = 2a	
☒	7n	$7 \cdot 2a$	gerade
☐	n − 1	$2a - 1$	ungerade
☒	2n	$2 \cdot 2a$	gerade
☐	n + 7	$2a + 7$	ungerade
☒	n − 8	$2a - 8 = 2(a - 4)$	gerade
☒	$(n + 1)^2 - 1$	$(2a + 1)^2 - 1 = 4a^2 + 4a + 1 - 1 = 2(2a^2 + 2a)$	gerade
☐	2n + 1	$2 \cdot 2a + 1$	ungerade
☒	n + 2	$2a + 2 = 2(a + 1)$	gerade
☐	$(n + 1)^2$	$(2a + 1)^2 = 4a^2 + 4a + 1 = 2(2a^2 + 2a) + 1$	ungerade

5 (Kurz: A8, B7; C6; D4; E 2; F5; G1; H9; I3; J10)

A	$3x - 5(y - 1)$	=	$3x - 5y + 5$	8
B	$18y - (x - 6) \, 3$	=	$18y - 3x + 18$	7
C	$-4(-1{,}5x + 6)$	=	$6x - 24$	6
D	$3x - 8(x - 1)$	=	$-5x + 8$	4
E	$9 - (6 - x) \cdot 3$	=	$-9 + 3x$	2
F	$3x + 5(-y - 1)$	=	$3x - 5y - 5$	5
G	$(x - 4)(-6)$	=	$-6x + 24$	1
H	$-7x - 2(2x - 4)$	=	$11x + 8$	9
I	$3(6y - x - 6)$	=	$18y - 3x - 18$	3
J	$12 - 3(1 + x)$	=	$9 - 3x$	10

59

6 a) 640 | –40 –16 | –5 8 –20

b) –120 | 10 –12 | 5 –2 6

c) 4 | –1 –4 | 0,25 4 –1

d) 8x + 12 | 2x + 3 4

e) –10 + 6a | 5 – 3a –2

f) a² –36 | a – 6 a + 6

60

1 a) $K_n = 2\,000\,€ \cdot \left(1 + \frac{6,5}{100}\right)^4 \approx 2\,572,93\,€$

b) $K_0 = \frac{773,30\,€}{\left(1 + \frac{4,5}{100}\right)^1} = \frac{773,30\,€}{1,045} = 740\,€$

c) Die Laufzeit n ergibt sich aus der Gleichung

$$1\,560\,€ \cdot 1,05^n = 2\,090,55\,€ \qquad |:1560\,€$$
$$1,05^n \approx 1,34 \qquad |\text{ Logarithmieren}$$
$$x \cdot \log 1,05 = \log 1,34 \qquad |:\log 1,05$$
$$x = \frac{\log 1,34}{\log 1,05} \approx 5,998 \approx 6$$

Die Laufzeit beträgt 6 Jahre.

2 Da die Verdopplungszeit des Kapitals 14 Jahre beträgt, wird es weder 56 noch 35 Jahre dauern, bis sich das Kapital vervierfacht hat. Diese Zeiträume sind zu lang. Schauen wir uns nochmals die zugehörige Zinseszinsformel an:

$$K_n = 2\,000\,€ \cdot \left(1 + \frac{5}{100}\right)^n$$

Eine Vervierfachung tritt dann ein, wenn der Ausdruck $q = \left(1 + \frac{5}{100}\right)^n = 1,05^n$ den Wert 4 annimmt.

Für n = 21 ist q ≈ 2,79, für n = 28 ist q ≈ 3,9.
Anzukreuzen ist also: etwa 28 Jahre.

3 a) Aus dem Diagramm ist abzulesen: 1 000 € sind etwa nach 8 Jahren erreicht.
b) Folgende Daten sind bekannt: $K_0 = 500\,€$; $K_n = 1\,000\,€$, n = 8 Jahre.
Gesucht ist der Zinssatz p %.
Eingesetzt in die Formel ergibt sich:

$$K_n = K_0 \cdot \left(1 + \frac{p}{100}\right)^n$$
$$1\,000\,€ = 500\,€ \cdot \left(1 + \frac{p}{100}\right)^8 \qquad |:500\,€$$
$$2 = \left(1 + \frac{p}{100}\right)^8 \qquad |\sqrt[8]{}$$
$$\sqrt[8]{2} = 1 + \frac{p}{100}$$
$$1,0905077 = 1 + \frac{p}{100} \qquad |-1$$
$$\frac{p}{100} \approx 0,09051$$

Der Zinssatz beträgt damit 9,05 %.
c) Da die Höhe des Betrages keinen Einfluss auf die Verdopplungszeit hat, dauert es bei einem Zinssatz von 9 % ebenfalls etwa 8 Jahre, bis sich ein Kapital von 50 000 € verdoppelt hat.

61

1 Es gibt 36 mögliche Ergebnisse, wie das Baumdiagramm zeigt, das benutzt werden soll.
a) günstige Ergebnisse:

(1|2) (2|1) (3|1) (4|1) (5|1) (6|1)
(1|3) (2|3) (3|2) (4|2) (5|2) (6|2) $p = \frac{30}{36}$
(1|4) (2|4) (3|4) (4|3) (5|3) (6|3)
(1|5) (2|5) (3|5) (4|5) (5|4) (6|4) $p = \frac{5}{6}$
(1|6) (2|6) (3|6) (4|6) (5|6) (6|5)

b) günstige Ergebnisse:

(4|6)
(5|5) $p = \frac{6}{36}$
(5|6)
(6|4) $p = \frac{1}{6}$
(6|5)
(6|6)

25

Teil B Übungsaufgaben | Komplexe Aufgaben

61

c) günstige Ergebnisse:

(1|1)   (3|1)   (5|1) $p = \frac{9}{36}$
(1|3)   (3|3)   (5|3)
(1|5)   (3|5)   (5|5) $p = \frac{1}{4}$

2 Das Baumdiagramm zeigt:

p_1 (Augensumme 12) = $\frac{1}{36}$

p_2 (Augensumme 7) = $\frac{6}{36} = \frac{1}{6}$ [(1|6), (2|5), (3|4), (4|3), (5|2), (6|1)]

Herr Schmidt muss 5-mal so oft die Augensumme 7 erzielen wie Frau Schäfer die Augensumme 12. Tatsächlich tritt die Augensumme 7 aber bei einer großen Zahl von Versuchen 6-mal so oft wie die Augensumme 12 auf $\left(\frac{1}{36} \cdot 6 = \frac{6}{36}\right)$.
Herr Schmidt hat also die besseren Gewinnchancen.

3 a) Augensumme 2:

2 günstige Ereignisse (die beiden Einsen von (1) mit der Eins von (2) kombiniert)
Augensumme 4: 6 günstige Ereignisse ((1|3) 2x; (3|1) 2x; (2|2) 2x)
Augensumme 6: 8 günstige Ereignisse ((3|3) 2x; (2|4) 6x)

$p = \frac{16}{36}$; $p = \frac{4}{9}$

b) Paar (1|1): 2 günstige Ergebnisse ⎫
Paar (2|2): 2 günstige Ergebnisse ⎬ $p = \frac{6}{36}$; $p = \frac{1}{6}$
Paar (3|3): 2 günstige Ergebnisse ⎭

c) siehe a): $p = \frac{8}{36}$; $p = \frac{2}{9}$

4

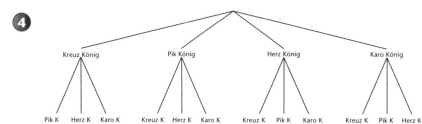

a) ↑   ↑ $p = \frac{2}{12}$; $p = \frac{1}{6}$

b)   ↑   ↑   ↑   ↑   ↑   ↑   ↑   ↑
                              $p = \frac{8}{12}$; $p = \frac{2}{3}$

62

1 a) Gemäß Uwes Plan nimmt die Seitenzahl des noch zu lesenden Textes täglich um 40 Seiten ab. Die zugehörige Funktion ist damit linear und der Graph eine Gerade, also: Graph A passt am besten zu dem geplanten Leseverhalten von Uwe.

b)

(A)	Paul hatte den gesamten Text bereits nach 10 Tagen gelesen.	Nein. Nach 10 Tagen hat Paul noch $800 \cdot 0,9^{10} \approx 800 \cdot 0,35 = 280$ Seiten zu lesen.
(B)	Uwe hat die Hälfte des Textes in 10 Tagen gelesen.	Ja. In 10 Tagen liest Uwe $10 \cdot 40 = 400$ Seiten, das entspricht der Hälfte von 800 Seiten.
(C)	Nach seinem Plan wird es Paul nie gelingen, den gesamten Text zu lesen.	Ja. Pauls Plan beinhaltet, dass er jeden Tag 10 % der restlichen Seiten liest, also liest er nie die jeweils verbleibenden Seiten vollständig.

2 a)

Wassertiefe (x in cm)	0	1	2	3	4	5
Lichtstärke (L)	1	0,9	0,81	0,729	0,6561	0,59049

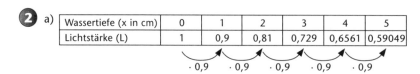

· 0,9   · 0,9   · 0,9   · 0,9   · 0,9

b) 50 % der Lichtstärke 1 bedeutet eine Lichtstärke von 0,5. Die Wassertiefe, in der mit dieser Lichtstärke zu rechnen ist, lässt sich auf verschiedene Weisen ermitteln.

62

① Fortsetzen der Wertetabelle:

Wassertiefe (x in m)	5	6	7
Lichtstärke (L)	0,59049	0,531441	0,4782969

· 0,9   · 0,9

② Lösen der Gleichung:

$$1 \cdot 0,9^x = 0,5$$
$$0,9^x = 0,5$$
$$x \cdot \log 0,9 = \log 0,5 \mid : \log 0,9$$
$$x = \frac{\log 0,5}{\log 0,9} \approx 6,6$$

Ina sollte ab einer Tauchtiefe von etwa 6,5 m auf Unterwasserfotos verzichten.

c) Richtig ist: $L(x) = L_0 \cdot 0,9^x$

63

❶

Zahlenrätsel		Gleichung	Lösung
①	$a + 3a = 8$ $4a = 8$ $a = 2$	(E)	2
②	$\frac{3a}{8} = \frac{1}{2}a$ $6a = 8a$ $2a = 0$ $a = 0$	(C)	0
③	$3a \cdot 8 = 3$ $24a = 3$ $a = \frac{1}{8}$	(A)	$\frac{1}{8}$
④	$3 - \frac{a}{3} = 8$ $-\frac{a}{3} = 5$ $a = -15$	(B)	-15

❷ Folgende Terme bezeichnen genau die Hälfte einer beliebigen Zahl a:

$a : 2$; $50\,\% \cdot a$; $a - \frac{1}{2}a$; $\frac{a}{2}$

❸

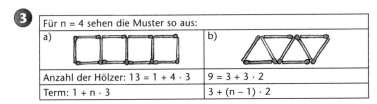

Für n = 4 sehen die Muster so aus:	
a)	b)
Anzahl der Hölzer: $13 = 1 + 4 \cdot 3$	$9 = 3 + 3 \cdot 2$
Term: $1 + n \cdot 3$	$3 + (n - 1) \cdot 2$

❹ Sei a die gedachte zweistellige natürliche Zahl.
Die in Worten gegebene Rechenvorschrift lautet mathematisch:
$3\,(a - 2) - 2\,(a - 3)$.
Es wird behauptet, dass man als Ergebnis die Zahl a erhält, also:
$$3\,(a - 2) - 2\,(a - 3) = a$$
$$3a - 6 - 2a + 6 = a$$
$$a = a \text{ wahre Aussage}$$
Der Trick funktioniert, weil der Wert des Terms auf der linken Seite der Gleichung eben gerade a beträgt.

64

❶ x ist der Höhenunterschied der Anlaufbahn und y ihre Länge.
Es gilt: $\tan 39° = \frac{x}{113\,\text{m}}$
$$113\,\text{m} \cdot \tan 39° = x$$
$$x \approx 91,506\,\text{m}$$

Die Länge y kann mit dem Satz des Pythagoras oder mit der Kosinusfunktion bestimmt werden. Die zweite Möglichkeit hat den Vorteil, dass ein Fehler bei der Berechnung von x nicht zu einem Folgefehler bei y führt.

① $y^2 = x^2 + (113\,\text{m})^2$

$y^2 = (91{,}506\,\text{m})^2 + (113\,\text{m})^2$

$y \approx 145{,}404\,\text{m}$

② $\cos 39° = \frac{113\,\text{m}}{y} \quad |\cdot y$

$y \cdot \cos 39° = 113\,\text{m} \quad |:\cos$

$y = \frac{113\,\text{m}}{\cos 39°}$

$y \approx 145{,}404\,\text{m}$

Die Anlaufbahn hat einen Höhenunterschied von ca. 91,5 m und ist ungefähr 145,5 m lang.

2 Im Dreieck L_1L_2S kann man alle Winkel berechnen.

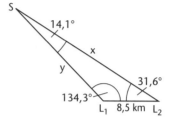

Nach dem Sinussatz gilt:

(1) $\dfrac{x}{\sin 134{,}3°} = \dfrac{8{,}5\,\text{km}}{\sin 14{,}1°}$

$x = \dfrac{8{,}5\,\text{km} \cdot \sin 134{,}3°}{\sin 14{,}1°}$

$x \approx 24{,}97\,\text{km}$

(2) $\dfrac{y}{\sin 31{,}6°} = \dfrac{8{,}5\,\text{km}}{\sin 14{,}1°}$

$y = \dfrac{8{,}5\,\text{km} \cdot \sin 31{,}6°}{\sin 14{,}1°}$

$y \approx 18{,}28\,\text{km}$

Eine zeichnerische Lösung im Maßstab 1 : 100 000, also 1 cm für 1 km müsste auf einem DIN-A4-Blatt erfolgen und würde zu folgenden Messergebnissen führen: x ≈ 25 km;   y ≈ 18 km.
Das Schiff ist also vom Leuchtturm 1 ca. 18 km und vom Leuchtturm 2 ca. 25 km entfernt.

3 In der Zeichnung besteht die Pass-Straße von oben betrachtet, also die Strecke $L = \overline{AC}$ in der schematischen Zeichnung, aus 5 geraden Abschnitten der Länge 4 cm und 4 Halbkreisen (also 2 Kreisen) mit dem Radius 1 cm.

$2u = 2 \cdot \pi \cdot d$ Gesamtlänge der Strecke $\overline{AC}$ in der Zeichnung:

$2u = 2 \cdot \pi \cdot 2\,\text{cm}$ $l = 5 \cdot 4\,\text{cm} + 12{,}57\,\text{cm}$

$2u = 12{,}57\,\text{cm}$ $l = 32{,}57\,\text{cm}$

Da der Maßstab 1 : 5 000 ist, beträgt die wirkliche Strecke $L = \overline{AC}$:

$L = 32{,}57\,\text{cm} \cdot 5\,000$

$L = 162\,850\,\text{cm}$

$L = 1628{,}5\,\text{m}$

Die Steigung 14 % bedeutet für den Steigungswinkel α:

$\tan \alpha = 0{,}14$

$\alpha \approx 7{,}97°$

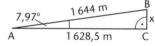

Die schematische Zeichnung des Dreiecks hilft jetzt weiter; x ist der Höhenunterschied $\overline{BC}$.

Es gilt: $\tan 7{,}97° = \dfrac{x}{1628{,}5\,\text{m}} \quad |\cdot 1628{,}5\,\text{m}$

$1628{,}5\,\text{m} \cdot \tan 7{,}97° = x$

$x \approx 228\,\text{m}$

Da A in einer Höhe von 620 m liegt, befindet sich B ungefähr auf der Höhe 620 m + 228 m, also in 848 m Höhe.
Die Länge $\overline{AB}$ entspricht der tatsächlichen Länge der Fahrstrecke von A nach B.
Diese Fahrstrecke kann man mit dem Satz des Pythagoras ausrechnen:
$(\overline{AB})^2 = 1628{,}5^2 + 228^2;\ \overline{AB} \approx 1644\,\text{m}$
Der Punkt B liegt ca. 848 m hoch. Die Pass-Straße von A nach B ist rund 1644 m lang.

65 ❶

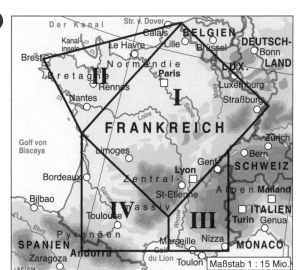

Die Unterteilung Frankreichs in berechenbare Teilflächen kann auf unterschiedlich Art erfolgen; hier ist eine Möglichkeit dargestellt.

Der Maßstab bedeutet: Jeder gemessene Millimeter ist in Wirklichkeit 15 km.

$A_I = 570 \text{ km} \cdot 450 \text{ km} = 256\,500 \text{ km}^2$

$A_{II} = \dfrac{570 \text{ km} \cdot 300 \text{ km}}{2} = 85\,500 \text{ km}^2$

$A_{III} = \dfrac{150 \text{ km} + 390 \text{ km}}{2} \cdot 285 \text{ km} = 76\,950 \text{ km}^2$

$A_{IV} = \dfrac{150 \text{ km} + 480 \text{ km}}{2} \cdot 330 \text{ km}^2 = 103\,950 \text{ km}^2$

$A_{Gesamt} = 522\,900 \text{ km}^2$

Frankreich ohne Korsika ist ca 523 000 km² groß. (Im Lexikon sind 535 000 km² genannt.)

❷

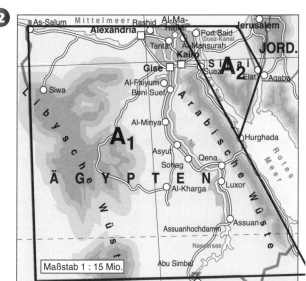

Ägypten kann mit zwei Trapezen gut erfasst werden. Es ist nach Augenschein erheblich größer als Frankreich.

$A_1 = \dfrac{1\,080 + 615 \text{ km}}{2} \cdot 975 \text{ km}$

$A_1 \approx 826\,000 \text{ km}^2$

$A_2 = \dfrac{540 \text{ km} + 225 \text{ km}}{2} \cdot 210 \text{ km}$

$A_2 \approx 80\,300 \text{ km}^2$

$A_{Gesamt} = 906\,600 \text{ km}^2$

Ägypten ist über 900 000 km² groß. (Im Lexikon sind knapp 1 000 000 km² genannt.)

66 ❶

a) $7x - 3 = 5x + 9 \quad | -5x$
  $2x - 3 = 9 \qquad | +3$
  $2x = 12 \qquad | : 2$
  $x = 6$

b) $4(a - 8) = 8 \qquad | : 4$
  $a - 8 = 2 \qquad | +8$
  $a = 10$

c) $(y - 8)(y + 2) = 24$
  $y^2 + 2y - 8y - 16 = 24 \; | 16$
  $y^2 - 6y = 40 \; | +9$
  $(y - 3)^2 = 49$
  $y - 3 = 7 \; oder \; y - 3 = -7$
  $y = 10 \; oder \; y = -4$

d) $(2x - 4)(x - 8) = 0$
  $2x - 4 = 0 \; oder \; x - 8 = 0$
  $x = 2 \; oder \; x = 8$

e) $x^2 - 3x = 0$
  $x(x - 3) = 0$
  $x = 0 \; oder \; x - 3 = 0$
  $x = 0 \; oder \; x = 3$

f) $a^2 - 36 = 0$
  $(a - 6)(a + 6) = 0$
  $a = 6 \; oder \; a = -6$

g) $y^2 + 12y - 13 = 0$
  $y^2 + 12y = 13 \; | +36$
  $(y + 6)^2 = 49 \; | \sqrt{}$
  $y + 6 = -7 \; oder \; y + 6 = 7$
  $y = -13 \; oder \; y = 1$

h) $a^2 + 3a = 4 \; | +(1{,}5)^2$
  $(a + 1{,}5)^2 = -6{,}25 \; | \sqrt{}$
  $a + 1{,}5 = -2{,}5 \; oder \; a + 1{,}5 = 2{,}5$
  $a = -4 \; oder \; a = 1$

29

66

2 a) Höhe von Maikes Taschengeld: x $\qquad$ Höhe von Toms Taschengeld: x + 7

$$x + (x + 7) = 25$$
$$2x = 18$$
$$x = 9 \qquad \text{Maike bekommt 9 €, Tom 16 € Taschengeld.}$$

b) Breite des Rechtecks: a $\qquad$ Länge des Rechtecks: 3a

Umfang u

$$\overbrace{2\,(3a + a) = 8}$$
$$2 \cdot 4a = 8$$
$$a = 1 \qquad \text{Das Rechteck ist 1 m breit und 3 m lang.}$$

c) Alter von Tina: x $\qquad$ Alter von Tinas Opa: 6x

$$x + 6x = 84$$
$$7x = 84$$
$$x = 12 \qquad \text{Tina ist 12 Jahre, ihr Opa 72 Jahre alt.}$$

3 a) $x = 12 - 5$ $\qquad$ b) $2x = 4$ $\qquad$ c) $4 + 5 + x = 3x + 1$ $\qquad$ d) $4x + 14 = 50$
$\quad\;\; x = 7$ $\qquad\qquad\;\;\; x = 2$ $\qquad\qquad\quad 9 + x = 3x + 1$ $\qquad\qquad\;\; 4x = 36$
$\qquad\qquad\qquad\qquad\qquad\qquad\qquad\qquad\qquad\qquad 8 = 2x$ $\qquad\qquad\qquad\quad\; x = 9$
$\qquad\qquad\qquad\qquad\qquad\qquad\qquad\qquad\qquad\qquad x = 4$

4 a) Zunächst gibt Elisa die Hälfte der Murmeln Thomas: $24 \cdot \frac{1}{2} = 12$

Dann gibt sie ein Drittel der Murmeln Markus : $12 \cdot \frac{1}{3} = 4$

Am Ende hat sie dann 8 Murmeln übrig (wegen 12 – 4 = 8).

b) Die Zahl am Anfang sei b. Thomas erhält die Hälfte $\left(\frac{1}{2} \cdot b\right)$, Markus von der anderen Hälfte $\left(\frac{1}{2} \cdot b\right)$ ein Drittel, d.h. Markus erhält ein Sechstel $\left(\frac{1}{6} \cdot b\right)$. Also gilt: (Hälfte – 1 Sechstel) von b = 6, kurz $\left(\frac{1}{2} - \frac{1}{6}\right) b = 6$ *oder* $\frac{1}{3} b = 6$, d.h. b = 18. Am Anfang waren also 18 Murmeln im Sack.

c) Markus hat recht. Die Anzahl der Murmeln wird zunächst halbiert. Diese Hälfte kann gerade oder ungerade sein, ist aber – da es keine halben Murmeln gibt – stets eine natürliche Zahl. Diese Hälfte wird dann gedrittelt. Das eine Drittel (wieder eine natürliche Zahl) bekommt Thomas, dieses Drittel kann gerade oder ungerade sein, und zwei Drittel behält Elisa. Diese Murmelanzahlen (wieder aus den natürlichen Zahlen) sind – wegen der Multiplikation mit 2 – stets gerade.

d) Aus $\frac{1}{2} b - \frac{1}{3} \cdot \left(\frac{1}{2} b\right) = a$ folgt $\frac{1}{3} b = a$ *oder* auch b = 3a.

67

1 a) Baumdiagramm mit Zurücklegen:

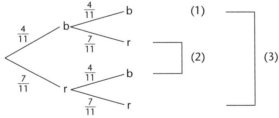

$$w\,(1) = \frac{4}{11} \cdot \frac{4}{11} \approx 13\,\%$$
$$w\,(2) = \frac{4}{11} \cdot \frac{7}{11} + \frac{7}{11} \cdot \frac{4}{11} \approx 46\,\%$$
$$w\,(3) = \frac{4}{11} \cdot \frac{4}{11} + \frac{7}{11} \cdot \frac{7}{11} \approx 54\,\%$$

Probe: w (2) + w (3) = 1

67

b) Baumdiagramm ohne Zurücklegen:

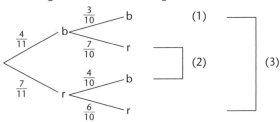

$w(1) = \frac{4}{11} \cdot \frac{3}{10} \approx 11\%$ $\qquad$ $w(2) = \frac{4}{11} \cdot \frac{7}{10} + \frac{7}{11} \cdot \frac{4}{10} \approx 51\%$

$w(3) = \frac{4}{11} \cdot \frac{3}{10} + \frac{7}{11} \cdot \frac{6}{10} \approx 49\%$ $\qquad$ Probe: $w(2) + w(3) = 1$

2 Die Wahrscheinlichkeit für „blau" und „weiß" ist jeweils $\frac{1}{2}$.

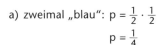

a) zweimal „blau": $p = \frac{1}{2} \cdot \frac{1}{2}$

$\qquad p = \frac{1}{4}$

b) letzte Drehung „blau": $p = \frac{1}{2}$

c) keine Farbe zweimal: $p = \frac{1}{2} \cdot \frac{1}{2} + \frac{1}{2} \cdot \frac{1}{2}$

$\qquad p = \frac{1}{2}$

d) „weiß" nicht öfter als einmal: $p = \frac{1}{2} \cdot \frac{1}{2} + \frac{1}{2} \cdot \frac{1}{2} + \frac{1}{2} \cdot \frac{1}{2}$

$\qquad p = \frac{3}{4}$

3 $p(12) = \frac{1}{36}$ $\qquad$ $p(11 \text{ oder } 10) = \frac{5}{36}$ $\quad$ [(4|6); (5|5); (5|6); (6|4); (6|5)]

Durchschnittlich nimmt die Klasse bei 36 Spielen 36 € ein, weil der Einsatz 1 € beträgt.
Gleichzeitig gibt sie für einen Hauptgewinn 10 € und 5 kleine Preise ebenfalls 10 € (5 · 2 €) aus;
es ergibt sich ein durchschnittlicher Überschuss von 16 € (36 € – 20 €) bei jeweils 36 Spielen.
392 € : 16 € = 24,5 (etwa so oft hat es 36 Spiele gegeben)
24,5 · 36 = 882
Natürlich erreicht im Laufe eines Schulfestes die relative Häufigkeit nicht exakt die Wahrscheinlichkeit für ein bestimmtes Ergebnis, kommt ihr aber recht nah.
Deshalb kann man davon ausgehen, dass 893-mal am Würfelspiel teilgenommen wurde.

68 **1**

	a)	b)	c)
Kapital (K)	1800 €	750 €	3000 €
Zinssatz (p %)	6,5 %	8 %	6,5 %
Zinsen (Z)	117 €	60 €	195 €

2 Am einfachsten löst man eine Aufgabe, indem man:
① sich zunächst ein konkretes Beispiel überlegt und die Höhe der Zinsen mit Hilfe der Zinsformel bestimmt. Wir nehmen z. B. als Ausgangssituation an:
Tom legt 1 000 € zu 10 % an, am Jahresende erhält er 100 € Zinsen.
② die jeweiligen Angaben zur Veränderung von K oder p in die allgemeine Zinsformel überträgt.
a) Veränderte Situation: Tom legt doppelt so hohe Ersparnisse bei doppelt so hohem Zinssatz an.
Zu ①: Das bedeutet in unserem Beispiel:
Tom legt 2 000 € zu 20 % an, am Jahresende erhält er dann 400 € Zinsen.
Zu ②: Allgemein gilt: $Z = \frac{1}{100} (K \cdot p)$
Setzt man in diese Gleichung statt K für die Verdopplung von Toms Kapital 2 · K ein und entsprechend für den doppelten Zinssatz 2p, sähe die Gleichung so aus:

$Z = \frac{1}{100} (2K \cdot 2p)$

$Z = \frac{1}{100} (4K \cdot p)$

Tom würde also nach einem Jahr Zinsen in 4facher Höhe erhalten, also 400 €.

b) Veränderte Situation:

Tom legt doppelt so hohe Ersparnisse bei halb so großem Zinssatz an.

Zu ①: Das bedeutet in unserem Beispiel:

Tom legt 2 000 € zu 5 % an, am Jahresende erhält er dann 100 € Zinsen.

Zu ②: Setzt man in diese Gleichung statt K für die Verdopplung von Toms Kapital 2 · K ein und entsprechend für den halbierten Zinssatz 0,5p, sähe die Gleichung so aus:

$$Z = \frac{1}{100}(2K \cdot 0,5p)$$

$$Z = \frac{1}{100}(k \cdot p)$$

Die Verdopplung des Kapitals hat zusammen mit der Halbierung des Zinssatzes keine Auswirkungen auf die Höhe der Zinsen.

Tom würde also nach einem Jahr Zinsen in derselben Höhe erhalten, also 100 €.

c) Veränderte Situation:

Tom legt nur die Hälfte seiner Ersparnisse bei doppelt so hohem Zinssatz an.

Zu ①: Das bedeutet in unserem Beispiel:

Tom legt 500 € zu 20 % an, am Jahresende erhält er dann 100 € Zinsen.

Zu ②: Setzt man diese Gleichung statt K für die Halbierung von Toms Kapital 0,5 · K ein und entsprechend für den doppelten Zinssatz 2p, sähe diese Gleichung so aus:

$$Z = \frac{1}{100}(0,5\,k \cdot 2p)$$

$$Z = \frac{1}{100} \cdot (k \cdot p)$$

Die Halbierung des Kapitals hat zusammen mit der Verdopplung des Zinssatzes keine Auswirkungen auf die Höhe der Zinsen.

Tom würde also nach einem Jahr Zinsen in derselben Höhe erhalten, also 100 €.

③ Geht man davon aus, dass alle vier Personen ihr Kapital für denselben Zeitraum fest anlegten und vergleicht dann das jeweilige Anfangs- und Endkapital, dann zeigt sich, dass nur Pia ihr Kapitel fast verdoppeln konnte.

Pia hat also den höchsten Zinssatz für ihr Kapital erzielt.

④ a) Wir betrachten die auftretenden Faktoren, mit denen der anfängliche Mietpreis entsprechend der Zinsformel multipliziert wird. Es ergibt sich:

Angebot A: 1,035 · 1,045 = 1,081575

Angebot B: 1,045 · 1,035 = 1,081575

Beide Angebote führen im 2. Jahr zur gleichen Miete. Was aber zahlt Frau Winter konkret in diesen 2 Jahren? Nehmen wir an, Frau Winters Miete beträgt 900 €.

		Angebot A	Angebot B		
Erhöhung der Miete		900,00 €	900,00 €	Erhöhung der Miete	
1. Jahr	3,50 %	931,50 €	940,50 €	1. Jahr	4,50 %
2. Jahr	4,50 %	**973,42 €**	**973,42 €**	2. Jahr	3,50 %

Beide Angebote führen nach 2 Jahren zur gleichen Miete. Aber im 1. Jahr der Erhöhung muss Frau Winter beim Angebot B monatlich 940,50 € – 931,50 € = 9 € mehr bezahlen.

b) Gesucht ist die positive Zahl a, die folgende Gleichung erfüllt:

$$a^2 = 1,035 \cdot 1,045 \quad | \sqrt{}$$

$$a \approx 1,03999$$

Durch eine prozentuale Mieterhöhung von etwa 4 % pro Jahr könnte dieselbe Miete erzielt werden.

69

 Für die Lösung der Aufgabe benötigen wir die Seitenlänge a des quadratischen Spielfeldes. Im ersten Schritt berechnet man aus dem gegebenen Umfang des Tisches dessen Durchmesser d.

(1) Für den Kreisumfang gilt die Formel

$$u = 2\pi r = d \cdot \pi$$
$$2,24 \text{ m} = d\pi \quad | : \pi$$
$$d \approx 0,71 \text{ m} \qquad d \approx 71 \text{ cm}$$

Im zweiten Schritt ermittelt man die Diagonale d_Q des quadratischen Schachfeldes.

(2) Wir wissen, dass der Durchmesser d des Tisches 71 cm beträgt und der Summe der Längen 10 cm + 10 cm + d_Q entspricht. Also:

$$71 \text{ cm} = 10 \text{ cm} + 10 \text{ cm} + d_Q \quad | - 20 \text{ cm}$$
$$51 \text{ cm} = d_Q$$

Für die Länge der Diagonale d_Q eines Quadrats mit der Seitenlänge a gilt: $d_Q = a \sqrt{2}$. Also:

$$51 \text{ cm} = a \sqrt{2} \quad | : \sqrt{2}$$
$$a \approx 36 \text{ cm}$$

Ein Schachbrett besteht aus 8 x 8 Einzelfeldern. Die Seitenlänge eines dieser Felder beträgt dann 36 cm : 8 = 4,5 cm, sein Flächeninhalt 4,5 cm · 4,5 cm = 20,25 cm². Eines der 64 Quadrate des Schachfeldes ist also ungefähr 20,25 cm² groß.

 Für den Flächeninhalt A eines Kreises mit dem Radius r gilt: $A = \pi r^2$.
Der alte Tisch mit einem Durchmesser von 105 cm hat einen Radius von 105 cm : 2 = 52,5 cm.
Der Inhalt der alten Tischfläche beträgt somit: $A_{alt} = \pi \cdot (52,5 \text{ cm})^2 \approx 8659 \text{ cm}^2$.
Die Fläche des neuen Tisches soll doppelt so groß sein, also $A_{neu} = 2 \cdot A_{alt} \approx 2 \cdot 8659 \text{ cm}^2 = 17\,318 \text{ cm}^2$.
Gesucht ist nun der Durchmesser eines solchen Tisches.
Aus $A_{neu} = \pi r^2$ und $A_{neu} \approx 17\,318 \text{ cm}^2$ folgt:

$$\pi r^2 \approx 17\,318 \text{ cm}^2 \quad | : \pi$$
$$r^2 \approx 5512,5 \text{ cm}^2 \quad | \sqrt{\ }$$
$$r \approx 74,25 \text{ cm}$$

Ein runder Tisch mit doppelt so großem Flächeninhalt hat also einen Durchmesser von 2 · 74,25 cm = 148,5 cm. Ein Esszimmer von 2,10 m Breite und 3,50 m Länge bietet Platz für einen solchen Tisch.
Die Antwort lautet somit: Der Verkäufer hat nicht recht.

③ Zunächst berechnet man den Radius r_1 des Halbkreises zur Innenlinie 1.

Ein Halbkreis hat die Länge $b = \pi r \left(\frac{2\pi r}{2}\right)$.

$$90 \text{ m} = \pi \cdot r_1 \quad r_1 = \frac{90 \text{ m}}{\pi} \quad r_1 \approx 28,65 \text{ m}$$

Daraus folgt:

$r_2 = 30,15 \text{ m}$ $r_3 = 31,65 \text{ m}$ $r_4 = 33,15 \text{ m}$ $r_5 = 34,65 \text{ m}$ $r_6 = 36,15 \text{ m}$

a) Die Laufwege b_2 bis b_6 auf den Linien 2, 3, 4, 5 und 6 berechnen sich ebenfalls mit der Formel $b = \pi r$.

$b_2 = \pi \cdot 30,15 \text{ cm}$ $\qquad b_4 = \pi \cdot 33,15 \text{ m}$ $\qquad b_6 = \pi \cdot 36,15 \text{ m}$
$b_2 = 94,72 \text{ m}$ $\qquad\qquad b_4 = 104,14 \text{ m}$ $\qquad\quad b_6 = 113,57 \text{ m}$

$b_3 = \pi \cdot 31,65 \text{ m}$ $\qquad b_5 = \pi \cdot 34,65 \text{ m}$
$b_3 = 99,43 \text{ m}$ $\qquad\qquad b_5 = 108,86$

b) Die Fläche ist ein halber Kreisring ($r_a = 36,15 \text{ m}$; $r_i = 28,65 \text{ m}$)

$$2A = \pi r_a^2 - \pi r_i^2$$
$$2A = \pi \cdot (36,15 \text{ m})^2 - \pi \cdot (28,65 \text{ m})^2$$
$$2A \approx 1\,526,8 \text{ m}^2 \, | : 2$$
$$A \approx 763,4 \text{ m}^2$$

70

 a)

Aufenthaltsdauer (in min)	Preis (in €)
56	2,50
124	6,50
150	6,50
181 bis 240	8,50

70

b)

c) Für die 1. Stunde zahlen die Mitglieder des Schwimmvereins 2,50 €, für jede weitere 1,50 €.
Für den Preis von 8 € können sie also 5 Stunden lang das Schwimmbad nutzen.
Der Kauf einer Schülertageskarte lohnt sich für Mitglieder des Schwimmvereins, die länger als
5 Stunden das Freizeitbad besuchen wollen.

2 a)

Gewicht des Maxibriefs (in g)	Preis (in €)
100	4
280	7
500	7
800	8

b) Nein. Ein 250 g schwerer Maxibrief kostet 7 €.
Würde Pia den Inhalt auf zwei Briefe verteilen, müsste sie mindestens 11€ Porto bezahlen.

71

1 In einem ersten Schritt muss die Größe der Daumenskulptur ermittelt werden. Auf dem Foto ist die
Person 34 mm groß, der Daumen ist 46 mm groß. In Wirklichkeit ist die Person 1,79 m, also 1 790 mm
groß. Die Größe x des Daumens ist unbekannt. Da das Verhältnis der Größen von Daumen und Person
auf dem Foto dem Verhältnis ihrer Größen in Wirklichkeit entspricht, muss gelten:

$$\frac{\text{Größe des Daumens auf dem Foto}}{\text{Größe der Person auf dem Foto}} = \frac{\text{Größe des Daumens in Wirklichkeit}}{\text{Größe der Person in Wirklichkeit}}$$

$$\frac{46}{34} = \frac{x}{1790} \quad (k \approx 1,35)$$

$$34x = 46 \cdot 1\,790$$

$$x = \frac{46 \cdot 1\,790}{34} \approx 2\,421,76$$

Die Daumenskulptur ist in Wirklichkeit ungefähr 2,42 m groß.
In einem zweiten Schritt muss das Verhältnis von Daumen- und Körpergröße ermittelt werden.
Ich bin 170 cm groß und mein Daumen misst 6 cm. Meine Körpergröße ist damit um den Faktor
$k = 28\frac{1}{3}$ größer als mein Daumen.
Ein Mensch, zu dem der abgebildete 2,42 m Daumen passt, müsste also etwa 69 m groß sein, denn
$2,42 \text{ m} \cdot 28\frac{1}{3} \approx 68,75 \text{ m}$.

2 Die Lösung dieser Aufgabe erfolgt in zwei Schritten:
① Ermittlung der Größe des Denkmalkopfes auf dem Foto.
② Ermittlung der Größe des Denkmals mit einer ganzen Person.
zu ①:
Auf dem Foto ist die Person 40 mm, der Kopf 45 mm groß.
In Wirklichkeit ist die Person 1670 mm groß.
Die Größe x des Kopfes ist unbekannt.
Da das Verhältnis der Größen auf dem Foto dem Verhältnis ihrer Größen in Wirklichkeit entspricht,
muss gelten:

$$\frac{45}{40} = \frac{x}{1670} \quad (k \approx 1,68)$$

$$40x = 45 \cdot 1670$$

$$x = \frac{45 \cdot 1670}{40} \approx 1878,75$$

Das Denkmal „Adenauerkopf" (ohne Sockel) ist in Wirklichkeit ungefähr 1,88 m groß.

71

zu ②:

Abschließend muss das Verhältnis von Kopf- und Körpergröße ermittelt werden.

Ich bin 170 cm groß und mein Kopf misst ungefähr 25 cm. Mein Körper ist also um den Faktor k = 6,8 größer als mein Kopf.

Ein Mensch, zu dem der abgebildete 1,88 m Kopf passt, müsste damit etwa 13 m groß sein, denn 1,88 m · 6,8 = 12,784 m.

③ In einem ersten Schritt muss die Höhe des Fußballschuhs ermittelt werden.

Auf dem Foto ist die Person 11 mm, der Fußballschuh 30 mm hoch.

In Wirklichkeit ist die Person 1,60 m, also 1600 mm groß. Die wirkliche Höhe x des Fußballschuhs ist unbekannt.

Da das Verhältnis der Größen von Schuh und Person auf dem Foto dem Verhältnis ihrer Größen in Wirklichkeit entspricht, muss gelten:

$$\frac{\text{Größe des Schuhs auf dem Foto}}{\text{Größe der Person auf dem Foto}} = \frac{\text{Größe des Schuhs in Wirklichkeit}}{\text{Größe der Person in Wirklichkeit}}, \text{ also}$$

$$\frac{30}{11} = \frac{x}{1600} \quad (k = 2,73)$$

$$11x = 30 \cdot 1600$$

$$x = \frac{30 \cdot 1600}{11} \approx 4\,363,64$$

Der Fußballschuh ist in Wirklichkeit ungefähr 4,36 m groß.

In einem zweiten Schritt muss das Verhältnis von der entsprechenden Schuhhöhe und Körpergröße ermittelt werden.

Ich bin 170 cm groß. Die Höhe meines Sportschuhs misst 9,5 cm. Der Faktor k, um den mein Körper größer als meine entsprechende Schuhhöhe ist, beträgt auf eine Nachkommastelle gerundet 17,9. Eine Fußballspielerin, zu der der abgebildete 4,36 m hohe Schuh passt, müsste also etwa 78 m groß sein, denn 4,36 m · 17,9 = 78,044 m.

72

① Ordnen

Zunächst sind alle negativen Zahlen kleiner als 0 (Null) und kleiner als alle positiven Zahlen.
Von zwei Zahlen liegt die kleinere Zahl auf der Zahlengeraden links von der größeren.
Um Brüche und Dezimalbrüche besser vergleichen zu können, wandelt man die Brüche
(durch Division im Kopf oder mit dem Taschenrechner) in Dezimalbrüche um.

$1\frac{3}{5} = 1{,}6$ $\qquad\qquad \frac{3}{4} = 0{,}75$ $\qquad\quad -\frac{1}{2} = -0{,}5$

$-0{,}7 \quad < \quad -\frac{1}{2} \quad < \quad 0{,}25 \quad < \quad 0{,}5 \quad < \quad \frac{3}{4} \quad < \quad 1\frac{3}{5}$

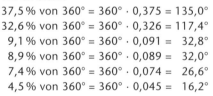

② Quadrat und Rechteck

a) u = Summe aller Seitenlängen
   Seitenlänge: $\sqrt{36\ \text{cm}^2} = 6\ \text{cm}$
   u = 4 · 6 cm = 24 cm

b) Möglich sind alle Kombinationen von zwei Seitenlängen, deren Produkt 36 cm² beträgt.
   Ganzzahlige Kombinationsmöglichkeiten sind z. B.
   1 cm x 36 cm, 2 cm x 18 cm, 3 cm x 12 cm, 4 cm x 9 cm, usw.

③ Wahlumfrage

a) Insgesamt gab es
   698 + 607 + 169 + 165 + 137 + 84 = 1860 befragte Wahlberechtigte.

   Wir berechnen die Anteile der einzelnen Parteien.
   Die Summe der Anteile muss insgesamt 100 % betragen.

   CDU/CSU: $\frac{698}{1860} \approx 0{,}375 = 37{,}5\,\%$

   SPD: $\qquad \frac{607}{1860} \approx 0{,}326 = 32{,}6\,\%$

   FDP: $\qquad \frac{169}{1860} \approx 0{,}091 = 9{,}1\,\%$

   Grüne: $\qquad \frac{165}{1860} \approx 0{,}089 = 8{,}9\,\%$

   Die Linke: $\frac{137}{1860} \approx 0{,}074 = 7{,}4\,\%$

   Sonstige: $\frac{84}{1860} \approx 0{,}045 = 4{,}5\,\%$

b) Die Größe des Anteils im Kreisdiagramm wird durch den Mittelpunktswinkel festgelegt.
   360° sind der volle Kreis.
   Wir erhalten:

   37,5 % von 360° = 360° · 0,375 = 135,0°
   32,6 % von 360° = 360° · 0,326 = 117,4°
   9,1 % von 360° = 360° · 0,091 = 32,8°
   8,9 % von 360° = 360° · 0,089 = 32,0°
   7,4 % von 360° = 360° · 0,074 = 26,6°
   4,5 % von 360° = 360° · 0,045 = 16,2°

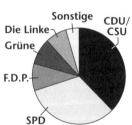

Beim Streifendiagramm entspricht 1 mm gerade 1 %, da der ganze Streifen 100 mm lang ist.

36

73

4 Im Koordinatensystem

Lineare Funktionen besitzen als Graph eine Gerade und können mit Funktionsgleichungen der Form y = m · x + b beschrieben werden. Dabei gibt m die Steigung des Graphen an: Für m < 0 fällt der Graph (von links nach rechts), für m = 0 verläuft der Graph parallel zur x-Achse und für m > 0 steigt der Graph (von links nach rechts). Den y-Achsenabschnitt liefert b, genauer gesagt: b ist die y-Koordinate des Schnittpunkts (0|b) des Graphen mit der x-Achse an.

Für m = −1 fällt der Graph einer linearen Funktion, anders ausgedrückt:
Der Graph besitzt negative Steigung.

5 Vergleichen

a) $0,5 \cdot (-3) = -1,5$; $3 - 0,5 = 2,5$
   also: $0,5 \cdot (-3) < 3 - 0,5$

b) $\sqrt{100} \cdot 3,14 = 10 \cdot 3,14 = 31,4$
   also: $\sqrt{100} \cdot 3,14 = 31,4$

c) $\sqrt{25} - \sqrt{16} = 5 - 4 = 1$; $\sqrt{25 - 16} = \sqrt{9} = 3$
   also: $\sqrt{25} - \sqrt{16} < \sqrt{25 - 16}$

d) $(123 + 678)^2 = 123^2 + 2 \cdot 123 \cdot 678 + 678^2$ also:
   $(123 + 678)^2 > 123^2 + 678^2$

e) $(10 + 20)^3 = 30^3 = 27\,000$; $2,7 \cdot 10^4 = 2,7 \cdot 10\,000 = 27\,000$
   also: $(10 + 20)^3 = 2,7 \cdot 10^4$

f) $1,5 \cdot 10^4 \cdot 4 \cdot 10^5 = 1,5 \cdot 4 \cdot 10^9 = 6 \cdot 10^9$; $6 \cdot 10^{10} = 60 \cdot 10^9$
   also: $1,5 \cdot 10^4 \cdot 4 \cdot 10^5 < 6 \cdot 10^{10}$

6 Ordne zu

(1) Für eine doppelte Menge Brötchen muss man den doppelten Preis zahlen. Die Zuordnung ist proportional.

(2) Ist ein Teilstück 10 m lang, werden 10 davon für eine Gesamtlänge von 100 m benötigt. Ist ein Teilstück doppelt so lang (20 m), werden nur halb so viele (5) gebraucht: Die Zuordnung ist antiproportional.

(3) Ein Quadrat mit einer Seitenlänge von x cm hat einen Umfang von 4x. Ein Quadrat mit doppelter Seitenlänge (2x), hat einen doppelt so großen Umfang (2 · 4x = 8x): Die Zuordnung ist proportional.

(4) Es gibt kleine und große Schwimmbäder mit einer großen Anzahl von Freischwimmern. Es liegt also keines von beiden vor.

(5) Verdoppelt der Rennwagen seine Geschwindigkeit, so halbiert sich die Zeit, die er für eine Runde benötigt: Die Zuordnung ist antiproportional.

7 Dreieck im Koordinatensystem

a) und c)

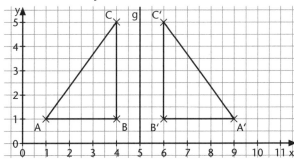

b) Länge der Strecken: $\overline{AB} = 3$ cm, $\overline{BC} = 4$ cm

Die Länge der Strecke $\overline{AC}$ ermittelt man mit dem Satz des
Pythagoras: $(\overline{AC})^2 = (\overline{AB})^2 + (\overline{BC})^2$
$= (3 \text{ cm})^2 + (4 \text{ cm})^2$
$= 25 \text{ cm}^2$
$(\overline{AC}) = 5$ cm

u = Summe aller Seitenlängen
u = 3 cm + 4 cm + 5 cm = 12 cm

74

8 Überschlag

Kopfrechnen: $\frac{155}{480} \approx \frac{150}{450} \approx \frac{1}{3} \approx 33\,\%$

mit Taschenrechner: $\frac{155}{480} \approx 0,32 \approx \frac{1}{3} \approx 30\,\%$

Also: (4) ein Drittel und (5) 30 %

9 Sportfest

a) Mittelwert = (3,75 + 4,10 + 4,25 + 3,70 + 3,15) : 5 = 3,79
   Ergebnis: Luisa ist im Durchschnitt 3,79 m weit gesprungen.

b) Bezeichnen wir die Sprungweite im 5. Sprung mit x [m], so können wir die folgende Gleichung
   aufstellen:

   $$(3,75 + 4,10 + 4,25 + 3,70 + x) : 5 = 4 \quad | \cdot 5$$
   $$15,8 + x = 20 \quad | -15,8$$
   $$x = 4,2$$

   Ergebnis: Luisa hätte im fünften Sprung 4,20 m weit springen müssen.
   Alternative Überlegung: Um durchschnittlich 4 m weit zu springen, hätte Luisa pro Sprung
   0,21 m (vgl. Teilaufg. a)) weiter springen müssen; das sind bei 5 Sprüngen insgesamt
   5 · 0,21 m = 1,05 m.
   Luisa hätte also im letzten Sprung 3,15 m + 1,05 m = 4,20 m weit springen müssen.

10 Größen ordnen

a) Flächen-Angaben erkennt man an „Quadrat-Maßeinheiten"; („hoch"2).
   Von den acht angegebenen Größen sind drei Flächen-Angaben;
   200 mm²   0,1 m²   20 cm²

b) Zur Erinnerung: 1 m² = 100 · 100 cm² = 10 000 cm²; 0,1 m² = 1 000 cm²
                  1 cm² = 10 · 10 mm² = 100 mm²; 200 mm² = 2 cm²

   also: 200 mm² < 20 cm² < 0,1 m²

11 Gleichungen und Graphen

Die im Koordinatensystem abgebildeten Graphen sind Geraden (g_1, g_2) oder Parabeln (g_3, g_4).
g_1 und g_2 sind Geraden, also Graphen von linearen Funktionen mit der allgemeinen Form
y = m · x + b. Beide Graphen steigen von links nach rechts an, m ist damit positiv.
Die angebotene lineare Funktionsgleichung y = – 2x + 1 scheidet also aus.
Da g_1 steiler verläuft als g_2, gehört zu g_1 die Gleichung mit dem größeren m, also y = x + 1.
Die lineare Funktionsgleichung y = 0,5x + 1 gehört zu g_2.
Zu g_3 und g_4 gehören Funktionsgleichungen, die einen quadratischen Term (x²) enthalten. Hiervon
stehen drei zur Auswahl. Die passende Funktionsgleichung ermittelt man, indem einen Punkt einer
Parabel auswählt und prüft, welche quadratische Gleichung durch die Koordinaten dieses Punkts
erfüllt wird. Der Punkt (1|–1) von g_3 erfüllt die Gleichung y = – x²; der Punkt (1|–2) von g_4 die
Gleichung y = – 2x². Richtig ist also:

y = x + 1	g_1
y = – x²	g_3
y = x²	—

y = – 2x²	g_4
y = 0,5x + 1	g_2
y = – 2x + 1	—

75

12 Holzkiste

a) Für Quader mit den Kantenlängen a, b, c gilt:
   O = 2ab + 2ac + 2bc
   O = 2 · 4 m · 3 m + 2 · 4 m · 3 m + 2 · 3 m · 3 m = 66 m²
   Die Oberfläche der Holzkiste beträgt 66 m².

b) Schrägbild: Länge von 4 m als 2 cm lange Kante (vorn), Breite von 3 m als 0,75 cm lange Kante
   (nach hinten) und Höhe von 3 m als 1,5 cm lange Kante (nach oben).

13 Zahlenpyramide

a)

b)

38

75

⑭ Fass

Das Fass hat die Form eines Zylinders. Für Zylinder mit dem Radius r und der Höhe h gilt:

$V = \pi r^2 h$

$V = \pi \cdot (30\ cm)^2 \cdot 80\ cm \approx 226\,194{,}7\ cm^3$ Dies entspricht 226,19 *l*.

⑮ 50% einer Zahl

(2) $\frac{50}{100} a = \frac{1}{2} a$ (4) $a : 2 = \frac{1}{2} a$ (6) $\frac{5a}{10} = \frac{1}{2} a$

(3) $0{,}5a = \frac{1}{2} a$ (5) $\frac{1}{2} a$

Alle Terme stellen 50% einer beliebigen Zahl a dar.

76

⑯ Funktionsgleichung

a) In die Gleichung setzt man für x die Zahl 4 ein und rechnet:

$y = 20 - 5 \cdot (4 - 6)^2$
$y = 20 - 5 \cdot (-2)^2$
$y = 20 - 5 \cdot 4$
$y = 20 - 20$
$y = 0$

b) Man setzt für y die Zahl 0 ein und löst die Gleichung:

1. Weg:

$0 = 20 - 5 \cdot (x - 6)^2 \quad |:5$
$0 = 4 - (x - 6)^2 \qquad |+ (x - 6)^2$
$(x - 6)^2 = 4 \qquad\qquad |\sqrt{\ }$
$x - 6 = 2$ oder $x - 6 = -2$
$x = 8$ oder $\quad x = 4$

2. Weg:

$0 = 20 - 5 \cdot (x - 6)^2 \quad |-20$
$-20 = -5 \cdot (x - 6)^2 \quad |:(-5)$
$4 = (x - 6)^2 \qquad\qquad |\sqrt{\ }$
$2 = x - 6$ oder $-2 = x - 6$
$8 = x \qquad$ oder $\quad 4 = x$

Für x = 8 und auch für x = 4 ist y = 0.

⑰ Prozente

a) *1. Methode:* 10% von 250 € sind 25 €, 30% sind dann **75 €.**

   2. Methode: *3. Methode:*

   100% → 250 €   250 € · 30% = 250 € · 0,3 = **75 €**
     1% → 2,50 €
   30% → **75 €**

b) *1. Methode:*   *2. Methode:* □ · 5% = 10 kg

     5% → 10 kg   also: □ · 0,05 = 10 kg |: 0,05
     1% →   2 kg   □ = **200 kg**
 100% → **200 kg**

   3. Methode: $W = G \cdot p\% = G \cdot \frac{p}{100}$ umformen: $W \cdot \frac{100}{p} = G$

          einsetzen: $10\ kg \cdot \frac{100}{5} = \textbf{200 kg}$

c) *1. Methode:* 25 cm von (5 m =) 500 cm?

               50 cm sind 10% von 500 cm, dann sind 25 cm genau **5%** von (500 cm =) 5 m.

   2. Methode: 500 cm → 100%   *3. Methode:* $\frac{25\ cm}{5\ m} = \frac{25\ cm}{500\ cm} = 0{,}05 = \textbf{5\%}$
             1 cm → 0,2%
          25 cm →   **5%**

d) 3% von 620 € sind 0,03 · 620 € = **18,60 €**

⑱ Bergauf

Die Graphen zeigen den zurückgelegten Weg in Abhängigkeit von der Zeit. Je tiefer ein Punkt des Graphen liegt, desto geringer ist der mit dem Fahrrad zurückgelegte Weg.

(1): In gleichen Zeitabschnitten wird die gleiche Strecke zurückgelegt.

(2): Auf der Fahrt von A nach B wird zunehmend eine immer kleinere Wegstrecke zurückgelegt, dann aber wird in kurzer Zeit eine größere Wegstrecke bewältigt.

(3): Auf der Fahrt von A nach B wird zunehmend eine immer kleinere Wegstrecke zurückgelegt, dann aber vergeht Zeit, ohne dass Weg zurückgelegt wird.

Ein Fahrradfahrer wird auf dem ansteigenden Streckenstück nach und nach immer weniger Wegstrecke in einer bestimmten Zeit bewältigen, das ebene Streckenstück wird er dagegen in kürzerer Zeit zurücklegen können. Daher lautet die richtige Antwort: Graph (2)

77

19 Würfeln mit einem Quader

a) Die relative Häufigkeit für die Zahl 6 beträgt: $\frac{49}{500} = 0{,}098 \approx 10\,\%$. Da sich bei langen Versuchs-reihen relative Häufigkeit und Wahrscheinlichkeit annähern, kann die Wahrscheinlichkeit, eine Sechs zu würfeln, näherungsweise mit 10 % angeben werden.
Die Wahrscheinlichkeit, die Augenzahl 6 zu würfeln, beträgt ca. 10 %.

b) Die Seitenfläche mit der Augenzahl ist genauso groß wie die Fläche mit der Zahl 6. Also beträgt die Wahrscheinlichkeit, eine Eins zu würfeln, ebenfalls ca. 10 %. Damit bleiben für die übrigen vier Ergebnisse (2, 3, 4, 5) noch 80 % übrig. Da ihre Flächen ebenfalls alle gleich groß sind, beträgt die Wahrscheinlichkeit für jedes Ergebnis ca. 20 %.

Augenzahl	1	2	3	4	5	6
Wahrscheinlichkeit	10 %	20 %	20 %	20 %	20 %	10 %

20 Baumhöhe

1. Strahlensatz:

$\frac{2\,m}{6\,m} = \frac{x + 2\,m}{21\,m}$

x = 5 m

Die Baumhöhe beträgt: 5 m + 2 m = 7 m

21 Rechengeschichten

(1) Anzahl der Gewinnlose: x   Anzahl der Nieten: 0,5x
    Gleichung: x + 0,5x = 30   Ja.
(2) Roberts Sparsumme nach 30 Tagen: x
    Gleichung: x = 15 · 1 € + 15 · 0,50   Nein.
(3) Mineralwasser in Liter: x   Fruchtsaft in Liter: 0,5 · x
    Gleichung: x + 0,5x = 30   Ja.
(4) Alter der Bruders: x   Alter von Max: 0,5 · x
    Gleichung: x + 0,5x = 30   Ja.

78

22 Rezept

1. Methode: Für 500 g Birnen braucht man 75 g Zucker.
Für   50 g Birnen braucht man 7,5 g Zucker.
Für 350 g Birnen braucht man 7 · 7,5 g = **52,5 g** Zucker.

2. Methode:

Birnen	Zucker
500 g	
1 g	$\frac{75\,g \cdot 350}{500}$ = **52,5 g**
350 g	

3. Methode: $\frac{x}{75\,g} = \frac{350}{500}$ also: $x = \frac{350}{500} \cdot 75\,g$ = **52,5 g**

23 Regelmäßiges Sechseck

a) Das Dreieck BCM ist so groß wie Dreieck MDE. Dreieck MDE ist die Hälfte des Parallelogramms DEFM. Deshalb passt Figur ④ 2-mal in die Figur ①.

b) In Dreieck BMG gilt 90° + 60° + α = 180°, also ist α = 30°.
   Oder: Die Mittelpunktswinkel im regelmäßigen Sechseck sind alle 60°;
   α ist halb so groß, also 30°. Der Winkel α im Dreieck BMG ist 30° groß.

c) $u = \overline{AF} + \overline{FM} + \overline{AG} + \overline{GM}$, mit $\overline{AF} = \overline{FM}$ = 3 cm; $\overline{AG}$ = 1,5 cm und $\overline{GM} = \sqrt{3^2 - 1{,}5^2}$ cm,
   also ≈ 2,6 cm.
   u = 3 cm + 3 cm + 1,5 cm + 2,6 cm = 10,1 cm

79 **24 Busfahrt**

a) Während der Fahrt wird Benzin verbraucht, der Tankinhalt nimmt also ab. Ein Tankvorgang ist dagegen daran zu erkennen, dass die Benzinmenge im Tank sprunghaft ansteigt. Dies ist nach einer gefahrenen Strecke von 100 km und von 500 km der Fall.
Die richtige Antwort ist also: Es wurde 2-mal angehalten, um zu tanken.

b) Die Entfernung von Köln nach Paris lässt sich auf der x-Achse ablesen; ungefähr 800 km.

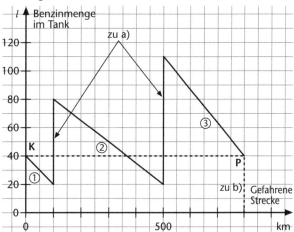

c) Je größer der Benzinverbrauch ist, desto rascher nimmt der Tankinhalt ab. Auf der Teilstrecke mit dem höchsten Benzinverbrauch wird der Graph daher am steilsten abfallen. Dies trifft auf die Teilstrecke ③ zu.

d) Beim Start in Köln sind 40 l Benzin im Tank, bis zum ersten Tanken sind 20 l davon verbraucht. Die Teilstrecke ② beginnt der Bus mit einem Tankinhalt von 80 l, davon sind bis zum zweiten Tanken 60 l verbraucht. Die Teilstrecke ③ beginnt der Bus mit einem Tankinhalt von 110 l, bei seiner Ankunft in Paris sind noch 40 l im Tank. Der Bus hat also auf der letzten Etappe 70 l verbraucht.
Auf der gesamten Fahrt verbrauchte der Bus also 20 l + 60 l + 70 l = 150 l.

25 Lotterie

a) Bei 80 % Nieten beträgt der Anteil der Gewinne 20 %.

Es gilt: $20\% = \frac{20}{100} = \frac{1}{5}$.

Die Aussage „Jedes fünfte Los ist ein Gewinn" ist richtig.

b) Ein Los kostet 0,50 €. Insgesamt werden also 0,50 € · 2 000 = 1 000 € eingenommen.
Folgende Gewinne werden ausgezahlt:
– Trostpreise von je 0,60 €:   18 % von 2 000 = 2 000 · 0,18 = 360
                          360 · 0,60 € = 216 €
– Preise von je 5,00 €:   1,5 % von 2 000 = 2 000 · 0,015 = 30
                          30 · 5,00 € = 150 €
– Hauptpreise von je 30,00 €: 0,5 % von 2 000 = 2 000 · 0,005 = 10
                          10 · 30,00 € = 300 €
Gewinn = 1 000 € – 216 € – 150 € – 300 € = 334 €
Der Lotterieveranstalter macht einen Gewinn von 334 €.

80 **26 Taschengeld für den Urlaub**
Mira hat 10 · 4,50 € = 45 € Taschengeld.
Verteilt auf 6 Urlaubstage kann Mira jeden Tag 45 € : 6 = 7,50 € ausgeben.

27 Kreisförmige Tischdecke

a) Die Tischdecke hat die Form eines Kreises. Für Kreise mit dem Radius r gilt:
$A = \pi r^2$
$A = \pi \cdot (80\text{ cm} + 25\text{ cm})^2$
$A \approx 3,46\text{ m}^2$

b) Wie bei Teilaufgabe a) ermittelt man die Größe des Tisches:
$A = \pi \cdot (80\text{ cm})^2 \approx 2,01\text{ m}^2$
Den Anteil der Tischdecke auf dem Tische berechnet man, indem man den Flächeninhalt der Tischdecke durch den Flächeninhalt des Tisches dividiert:
$\frac{3,46\text{ m}^2}{2,01\text{ m}^2} \approx 0,58 = 58\%$

80 **28 Gleichungssystem**

Man wählt x = Pfand für Flaschen und y = Pfand für Gläser

1. Lösung des Gleichungssystems:

(1) $3x + 5y = 3$ →   (1) $x = 1 - \frac{5}{3}y$

(2) $5x + 12y = 6{,}1$ (2) $5 \cdot (1 - \frac{5}{3}y) + 12y = 6{,}1$

$$5 - 8\tfrac{1}{3}y + 12y = 6{,}1$$

$$3\tfrac{2}{3}y = 1{,}1 \qquad |\cdot 3$$

$$11y = 3{,}3 \qquad |:11$$

$$y = 0{,}3$$

y = 0,3 einsetzen   (1) $x = 0{,}5$

2. Lösung: (1) $3x + 5y = 3 \quad |\cdot 5$ } → $15x + 25y = 15$ }
           (2) $5x + 12y = 6{,}1 \,|\cdot 3$ } $\underline{15x + 36y = 18{,}3}$ } $-$

$$11y = 3{,}3$$

$$y = 0{,}3 \text{ und } x = 0{,}5$$

Das Pfand für Flaschen beträgt 0,50 € und für Gläser 0,30 €.

81 **29 Musik aus dem Netz**

a) Da es keine „halben oder dreiviertel Lieder" zu kaufen gibt, bestehen die zu den Angeboten passenden Graphen aus einzelnen Punkten im Koordinatensystem.
Die Punkte liegen auf Geraden, da es sich bei den Angeboten um lineare Zuordnungen
Anzahl der Lieder → Preis (in €) handelt.

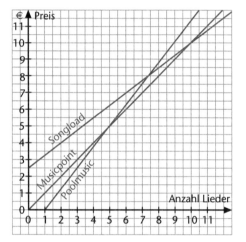

MUSICPOINT	
Anzahl Lieder	Preis (in €)
1	1
2	2
3	3
4	4
5	5

POOLMUSIC (Mindestbestellmenge 2 Lieder):	
Anzahl Lieder	Preis (in €)
2	1,25
3	2,50
4	3,75
5	5,00
6	6,25

SONGLOAD	
Anzahl Lieder	Preis (in €)
1	3,25
2	4,00
3	4,75
4	5,50
5	6,25

b) Da bei SONGLOAD eine Gebühr von 2,50 € pro Bestellung gezahlt werden muss, muss die gesuchte Funktionsgleichung diesen Grundbetrag berücksichtigen. Für x Lieder kommen x · 0,75 € hinzu. Die zum Angebot von SONGLOAD passende Funktionsgleichung lautet also:
$y = 2{,}5 + 0{,}75\,x$

c) 8 Lieder kosten bei
- MUSICPOINT: 8 · 1 € = 8 €
- POOLMUSIC: 7 · 1,25 € = 8,75 €
- SONGLOAD: 2,50 € + 8 · 0,75 € = 8,50 €

Mira kauft am günstigsten bei MUSICPOINT ein.

81

30 Agenturmeldung

Der Fehler liegt in der Angabe „jede 6. Karte".

„6 Prozent aller Münchner Theaterkarten sind Freikarten" bedeutet, dass von 100 Theaterkarten 6 Freikarten sind.

Verteilt man diese 6 Freikarten gleichmäßig auf die 100 Theaterkarten (also $100 : 6 = 16,\overline{6}$), dann muss etwa jede 17. Karte eine Freikarte sein.

Richtig müsste die Meldung also lauten:

„6 Prozent aller Münchner Theaterkarten sind Freikarten. Kurz gesagt: Etwa jede 17. Theaterkarte ist eine Freikarte!"

31 Unfälle auf dem Schulweg

a) Insgesamt verunglücken $140 + 60 = 200$ Jungen und Mädchen; 140 davon waren Jungen, also beträgt ihr Anteil: $\frac{140}{200} = 0,7 = 70\,\%$.

Diese Zeitungsmeldung stimmt.

b) Diese Zeitungsmeldung ist falsch, da viel mehr Jungen als Mädchen in dieser Statistik mit dem Fahrrad zur Schule fahren.

Anteil der verunglückten Jungen: 140 von $1\,000 = \frac{140}{1\,000} = 14\,\%$

Anteil der verunglückten Mädchen: 60 von $300 = \frac{60}{300} = 20\,\%$

82

32 Punktmuster

a) (1) $2^2 = 4$ und $1 + 2 + 1 = 2 \cdot 1 + 2 = 2 + 2 = 4$

(2) $3^2 = 9$ und $1 + 2 + 3 + 2 + 1 = 2 \cdot (1 + 2) + 3 = 2 \cdot 3 + 3 = 6 + 3 = 9$

(3) $4^2 = 16$ und $(1 + 2 + 3) + 4 + (3 + 2 + 1) = 2 \cdot (1 + 2 + 3) + 4$
$$= 2 \cdot 6 + 4 = 12 + 4 = 16$$

b) Für das 11-Quadrat-Muster gilt:

$11^2 = 121$ und $(1 + 2 + 3 + \ldots + 10) + 11 + (10 + 9 + \ldots + 3 + 2 + 1)$
$$= 2 \cdot (1 + 2 + 3 + \ldots + 10) + 11$$
$$= 2 \cdot 55 + 11$$
$$= 110 + 11 = 121, \text{ also:}$$

$11^2 = 1 + 2 + \ldots + 10 + 11 + 10 + \ldots + 2 + 1$
$$= 2 \cdot (1 + 2 + \ldots + 10) + 11$$

33 Bildschirmdiagonale

Die Länge der Diagonale ermittelt man mit dem Satz des Pythagoras.

Gerät A: $(56,0\ \text{cm})^2 + (42,0\ \text{cm})^2 = 4\,900\ \text{cm}^2$

Die Länge der Diagonale beträgt somit $\sqrt{4\,900\ \text{cm}^2} = 70\ \text{cm}$

Gerät A ist also hier abgebildet.

34 Flugzeug

Zunächst sind x und α gesucht.

(1) $x^2 + (25,7\ \text{km})^2 = (26,3\ \text{km})^2$ (Satz des Pythagoras)
$$x^2 = (26,3\ \text{km}^2) - (25,7\ \text{km})^2$$
$$x \approx 5,5857\ \text{km}$$

(2) $\cos \alpha = \dfrac{25,7\ \text{km}}{26,3\ \text{km}}$

$\alpha \approx 12,262°$

Gesucht ist die Steigung in Prozent, also ist $\tan \alpha$ zu bestimmen.

$\tan 12,262° \approx 0,2173$
$$\approx 21,7\,\%$$

Das Flugzeug überfliegt A - Dorf in ca. 5,6 km Höhe und ist durchschnittlich mit 21,7 % aufgestiegen.

83

35 Sektglas

Das Sektglas hat die Form eines Kegels. Für Kegel mit dem Radius r und der Höhe h gilt:

$V = \frac{\pi}{3} r^2 \cdot h$.

Verdoppelt man die Höhe und den Radius des Sektglases, dann verachtfacht sich das Volumen, da der Radius quadratisch wächst.

Es gilt: $V = \frac{\pi}{3} \cdot (2r)^2 \cdot 2h = \frac{\pi}{3} \cdot 4r^2 \cdot 2h = \mathbf{8} \cdot \left(\frac{\pi}{3} \cdot r^2 \cdot h \right)$

43

36 Säulentrommel

a) Mögliche Schätzwerte, die sich mit der geschätzten Körpergröße der Person ergeben:
   für den Durchmesser: 2 m bis 2,50 m   für die Säulenhöhe: 2,50 m bis 3 m

b) Mit den Schätzwerten ergibt sich ein Volumen von ($\pi \cdot 1^2 \cdot 2,5$ m³ ≈) 7,9 m³
   bis ($\pi \cdot 1,25^2 \cdot 3$ m³ ≈) 14,7 m³ und eine Masse von ca. 15 t bis ca. 29 t.

37 Füllungen

a) Der Behälter wird gleichmäßig gefüllt, d. h. pro Minute fließt die gleiche Menge an Flüssigkeit
   hinein. Da er nach 160 Minuten randvoll gefüllt ist und der Behälter ein Volumen von 64 000 cm³
   hat, fließen pro Minute 64 000 cm³ : 160 = 400 cm³ Flüssigkeit in den Behälter.

b) Von dem Körper ist das Volumen bekannt. Die gesuchte Höhe c kann daher berechnet werden.
   Körper I: 64 000 cm³ : (80 cm · 40 cm) = 20 cm
   Körper II: 64 000 cm³ : (50 cm · 16 cm) = 80 cm
   Richtig ist also: Die Höhe c von Körper I beträgt 20 cm, für Körper II 80 cm.

c) Da die Körper gleichmäßig gefüllt werden, ist die Funktion *Zeit (in min.)* → *Füllhöhe (in cm)* linear.
   Die zum Graph einer linearen Funktion zugehörigen Punkte liegen auf einer Geraden. Durch zwei
   Punkte ist eine Gerade eindeutig bestimmt. Da beide Körper zunächst leer sind, müssen die Funk-
   tionsgraphen durch den Ursprung gehen
   (1. Punkt: (0|0)).
   Beide Körper besitzen dasselbe Volumen und
   sind daher beide nach 160 Minuten randvoll
   gefüllt.
   Körper I hat eine Höhe von 20 cm, also liegt
   der Punkt (160|20) auf dem Graphen, der
   zum Füllvorgang von Körper I passt. Körper
   II hat eine Höhe von 80 cm, also liegt der
   Punkt (160|80) auf dem Graphen, der zum
   Füllvorgang von Körper II passt. Jetzt kennen
   wir jeweils zwei Punkte der beiden Graphen.
   Ins Koordinatensystem eingetragen ergibt
   sich das Bild rechts.

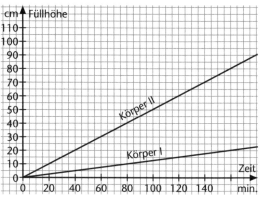

84

38 Lösungsmethoden

a) Ein geschickter Lösungsweg nutzt die Regel:
   „Ein Produkt hat den Wert 0, wenn (mindestens) ein Faktor 0 ist."
   Damit ergeben sich zu
   x – 3 = 0   und   x + 9 = 0   die Lösungen   x = 3   und   x = –9.

b) *1. Methode:*
   mit „quadratischer Ergänzung"

$2x^2 - 6x = 20$ $|:2$

$x^2 - 3x = 10$ $|$ Quadr. Erg.

$x^2 - 3x + \left(\frac{3}{2}\right)^2 = 10 + \left(\frac{3}{2}\right)^2$ $|$ Binom

$\left(x - \frac{3}{2}\right)^2 = \frac{49}{4}$ $|\sqrt{\ }$

$x - \frac{3}{2} = \frac{7}{2}$ *oder* $x - \frac{3}{2} = -\frac{7}{2}$

$x = 5$ *oder* $x = -2$

2. Methode:
mit p-q-Formel

$x^2 + px + q = 0$

$x_{1/2} = -\frac{p}{2} \pm \sqrt{\left(\frac{p}{2}\right)^2 - q}$

Für die gegebene Gleichung gilt:

$2x^2 - 6x - 20 = 0$

oder: $x^2 - 3x - 10 = 0$

also: p = –3 und q = –10

und $x_1 = \frac{3}{2} + \sqrt{\left(\frac{3}{2}\right)^2 + 10}$

$= \frac{3}{2} + \sqrt{\frac{9}{4} + 10}$

$= \frac{3}{2} + \sqrt{\frac{49}{4}}$

$= \frac{3}{2} + \frac{7}{2} = 5$

und $x_2 = \frac{3}{2} - \frac{7}{2} = -2$

84 **㊴ Body-Mass-Index**

a) Am Diagramm können wir direkt ablesen: 53 % der 35- bis 40-jährigen Männer und 29 % der 35- bis 40-jährigen Frauen haben Übergewicht (nach dem Body-Mass-Index).

b) Bei den Männern haben die 65- bis 70-jährigen das größte Übergewicht, es sind 74 %.
Bei den Frauen ist es mit 62 % die Gruppe der 70- bis 75-jährigen.

c) BMI = Gewicht (in kg) : [Körpergröße (in m)]^2
BMI = 73 : 1,78^2 ≈ 23   Die Person hat den Body-Mass-Index 23.

d) Bezeichnen wir die Größe (in m) von Herrn Meyer mit x, dann gilt:
27 = 95 : x^2 | · x^2 | : 27

$x^2 = \frac{95}{27}$ $x = \sqrt{\frac{95}{27}} \approx 1{,}87$ Herr Meyer ist 1,87 m groß.

Um kein Übergewicht zu haben, darf sein BMI höchstens 25 betragen. Bezeichnen wir das zugehörige Gewicht (in kg) mit y, so erhalten wir:
25 = y : 1,87^2 | · 1,87^2
87,4 ≈ y
Herr Meyer muss also mindestens 95 kg – 87,4 kg = 7,6 kg abnehmen.

85 **㊵ Zahnradbahn**

Die Länge der gesuchten Strecke ermittelt man mit dem Satz des Pythagoras.
x^2 = (4 270 m)^2 – (1 629 m)^2 = 15 579 259 m^2
x ≈ 3 947 m

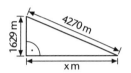

Die beiden Orte sind in der Realität ungefähr 3 947 m voneinander entfernt. Auf einer Karte im Maßstab 1 : 25 000 sind dies ungefähr 15,8 cm.

㊶ Kapitalvermehrung

1. Möglichkeit: Nach etwa 7 Jahren ist das Anfangskapital bereits auf das 1,5fache angewachsen. Der weitere Zuwachs erfolgt aufgrund des höheren Betrages schneller. Es müssen also weniger als 14 Jahre sein.
Im 8. Jahr wächst das Kapital auf einen Betrag von 15 000 € + 900 € (Zinsen) = 15 900 €, im 9. Jahr auf 15 900 € + 954 € (Zinsen) = 16 854 €. Damit scheidet auch die Antwort „nach 9 Jahren" aus.
2. Möglichkeit: Um zu berechnen, in wie vielen Jahren das Anfangskapital von 10 000 € bei einem Zinssatz von 6 % auf ein Endkapital von 20 000 € anwächst, überlegt man sich:

Anfangskapital	10 000,00 €
	· 1,06 ↓
Kapital nach 1 Jahr	10 600,00 €
	· 1,06 ↓
Kapital nach 2 Jahren	11 236,00 €
⋮	⋮
Kapital nach x Jahren	20 000,00 €

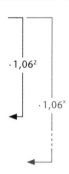

· 1,06^2

· 1,06^x

Die Anzahl der Jahre bis zur Verdopplung des Anfangskapitals auf 20 000 € liefert die Gleichung:
10 000 € · 1,06^x = 20 000 € | : 10 000 €

$1{,}06^x = \frac{20\,000\ €}{10\,000\ €}$

1,06^x = 2

Lösen der Gleichung:
① durch probierendes Einsetzen von ganzzahligen Exponenten oder
② durch Logarithmieren
x · log 1,06 = log 2 | : log 1,06

$x = \frac{\log 2}{\log 1{,}06} \approx 11{,}89$ Die Antwort lautet: Nach ca. 12 Jahren.

85

42 Parkhaus

a) Für die ersten 60 Minuten fallen keine Parkkosten an. Für jede weitere angefangene Stunde sind 2,50 € zu zahlen, d. h. für eine Parkdauer von 61 bis 120 Minuten wird eine Gebühr von 2,50 € verlangt. Bricht eine weitere Stunde an, erhöht sich der Preis um 2,50 €. Herr Schulz bezahlt 5 €. Er hat also mindestens 121 Minuten, höchstens 180 Minuten lang geparkt.

b) Um 14.15 Uhr hätte Frau Siebert nur 2,50 € zahlen müssen. Zu diesem Zeitpunkt hatte sie 60 Minuten lang kostenlos und eine weitere Stunde für 2,50 € geparkt.
Sie löste ihren Parkschein also um 12.15 Uhr.

43 Litfaßsäule

Die Litfaßsäule hat die Form eines Zylinders.
Für Zylinder mit dem Radius r und der Höhe h gilt: $M = 2\pi \cdot r \cdot h$
Wählt man z. B. als Radius $r = 50$ cm und als Höhe $h = 3$ m so ergibt sich für die Werbefläche
$M = 2\pi \cdot 0,5 \cdot 3$ m
$M \approx 9$ m^2

44 Fahne

a) Fläche der Fahne: $A_F = 40 \cdot 30$ cm^2 = 1200 cm^2
weiße Fläche: $A_W = 2 \cdot 40$ cm^2 + $2 \cdot 30$ cm^2 − $2 \cdot 2$ cm^2 = 136 cm^2

Anteil der weißen Fläche $\frac{136}{1200} = 11,33... \approx 11\,\%$

b) $30x + 40x - x^2 = 70x - x^2$ und
$40 \cdot 30 - (40 - x) \cdot (30 - x) = 1200 - (1200 - 40x - 30x + x^2)$
$$= 40x + 30x - x^2$$
$$= 70x - x^2$$
Beide Terme sind gleich.

c) Für A_{blau} (in cm^2) gilt: $40 \cdot 30 - (70x - x^2) = 1200 - 70x + x^2$
Die Breite x (in cm) muss die Gleichung erfüllen:
$x^2 - 70x + 1200 = 816 \qquad |-1200$
$x^2 - 70x = -384 \qquad |+(35)^2$
$x^2 - 70x + 35^2 = 841$
$(x - 35)^2 = 841 \qquad |\sqrt{}$
$x - 35 = 29$ oder $x - 35 = -29$
$x = 64$ oder $\qquad x = 6$
Als Lösung der Aufgabe scheidet $x = 64$ aus, weil eine Streifenbreite von 64 cm nicht möglich ist bei der $30 \cdot 40$ cm^2 großen Fahne. Die weißen Streifen müssen 6 cm breit sein.

d) $y = x^2 - 70x + 1200 = x^2 - 70x + (35)^2 - (35)^2 + 1200$
$$= (x - 35)^2 - 25$$
Scheitelpunkt der Parabel ist $S(35|-25)$
$y = 0$ gilt für
$x - 35 = 5$ und $\qquad x - 35 = -5$
also $x = 40$ und $\qquad x = 30$

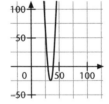

Parabelskizze

45 Wohnmobil

Die Angebote beinhalten eine tägliche Mietgebühr und eine Gebühr pro gefahrene Kilometer.
Da die Reise 21 Tage dauern und die Route etwa 2 500 km umfassen soll, ergibt sich für die drei Firmen:
Firma A: $21 \cdot 20$ € + $2\,500 \cdot 0,20$ € = 920 €
Firma B: $21 \cdot 30$ € + $2\,500 \cdot 0,10$ € = 880 €
Firma C: $21 \cdot 32$ € + $2\,500 \cdot 0,05$ € = 797 €
Zu empfehlen ist Firma C.

46 Riesen-Bovist

Für einen Würfel mit der Kantenlänge a gilt:

V = a · a · a

So rechnet Malte.

Für einen Zylinder mit dem Radius r und der Höhe h gilt:

V = π · r² · h

So rechnet Erik.

Für eine Halbkugel mit dem Radius r gilt:

V = $\frac{4}{3}$ π · r³

So rechnet Luca.

47 Sonderpreis

a) Methode (1) berücksichtigt nicht den Rabatt von 3 %. Die Methode ist falsch.

Methode (2) berechnet zuerst (100 % – 15 %) 85 % vom bisherigen Preis. Dann werden 3 % subtrahiert. Die Methode ist richtig.

Methode (3) ist auch richtig.

Es gilt: 100 % – 15 % = 85 % = 0,85 und

$\qquad$ 100 % – $\quad$ 3 % = 97 % = 0,97

Deshalb kann der gesenkte Barzahlungspreis so berechnet werden:

(1 500 € · 0,85) · 0,97 = 1 236,75 €

b) Die Rechnung z. B. mit Methode (3) ergibt 1 236,75 €.

48 Behälter mit Kugeln

Insgesamt sind zunächst 7 Kugeln (3 blaue, 4 weiße) im Behälter. Also beträgt die Wahrscheinlichkeit, im ersten Zug eine blaue Kugel zu ziehen, $\frac{3}{7}$ und für eine weiße Kugel $\frac{4}{7}$.

Beim zweiten Zug sind nur noch 6 Kugeln im Behälter. Die Wahrscheinlichkeiten hängen vom Ergebnis des ersten Zuges ab.

Baumdiagramm:

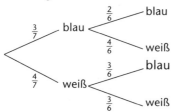

Björn gewinnt bei den Ergebnissen (blau/blau) und (weiß/weiß).

Mit den Pfadregeln berechnen wir die Wahrscheinlichkeiten.

p (Marc gewinnt) = p (blau/weiß) + p (weiß/blau)

$$= \frac{3}{7} \cdot \frac{4}{6} + \frac{4}{7} \cdot \frac{3}{6}$$

$$= \frac{12}{42} \quad + \frac{12}{42}$$

$$= \frac{24}{42} = \frac{4}{7} \approx 57\,\%$$

p (Björn gewinnt) = p (blau/blau) + p (weiß/weiß)

$$= \frac{3}{7} \cdot \frac{2}{6} + \frac{4}{7} \cdot \frac{3}{6}$$

$$= \frac{6}{42} \quad + \frac{12}{42}$$

$$= \frac{18}{42} = \frac{3}{7} \approx 43\,\%$$

Alternativer Lösungsweg:

p (Marc gewinnt) = 1 – p (Björn gewinnt)

$$= 1 - \frac{3}{7} = \frac{4}{7} \approx 57\,\%$$

Gewinnchance für Marc: $\frac{4}{7}$

Gewinnchance für Björn: $\frac{3}{7}$

88

Aufgabe P 1

0,06 **C** $\frac{1}{4}$ **F**

Aufgabe P 2

$2 - 3 \cdot (4 - a) = 2 - 12 + 3a = -10 + 3a$

Aufgabe P 3

Diana hat recht.
Der Flächeninhalt des Dreiecks ABS errechnet sich nach der
Dreiecksformel mit $\overline{AB} \cdot \overline{BC} : 2$.
Damit beträgt er genau die Hälfte des Flächeninhalts des
Rechtecks $\overline{AB} \cdot \overline{BC}$.
Alternative:
In der Skizze erkennt man, dass auf beiden Seiten der Mittel-
linie jeweils genau die Hälfte vom Dreieck ABS eingenommen
wird.

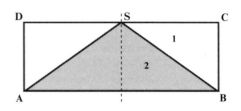

89

Aufgabe P 4

P 4.1

$$Z = \frac{5000\ € \cdot 2,5}{100} \cdot \frac{4}{12} \qquad Z = 41,\overline{6}\ € \qquad Z \approx 41,67\ €$$

P 4.2

$$Z = \frac{K \cdot p}{100} \cdot \frac{m}{12} \qquad \frac{Z \cdot 12}{m} = \frac{K \cdot p}{100} \qquad K = \frac{Z \cdot 12 \cdot 100}{m \cdot p}$$

P 4.3

Beispiel für eine Aufgabe, bei der Z, K und p vorgegeben werden und m gesucht ist.
Ein Kapital von 2500,– € ergibt bei einem Zinssatz von 4 % Zinsen in Höhe von 41,67 €. Wie viele Monate
wurde das Kapital verzinst?

Aufgabe P 5

Lösungswege:

$\frac{108\ €}{500\ €} \cdot 100\,\% = \mathbf{21,6\,\%}$

Die Angabe in der Titelzeile ist richtig.

Alternative Lösung:
608 : 500 = 1,216
21,6 % Erhöhung

Alternative Lösung:

Preis in Euro	Prozent
500	100
1	0,2
108	**21,6**

90

Aufgabe P 6

P 6.1

Richtig sind die Äußerungen A, C und D. Falsch ist die Äußerung B.

P 6.2

Die Grafik stellt die prozentuale Änderung der Heizkosten und Mietpreise in Bezug auf den Wert im Jahr
1995 dar. Jeder der beiden Werte bildet damit einen eigenen Grundwert, der 100 % entspricht.
Die absolute Höhe der Kosten kann daher unterschiedlich sein.

91

Aufgabe P 7

P 7.1

Durchschnittsverbrauch in Liter pro 100 km	CO_2 in Mio t
8	110
1	13,75
5	**68,75**

110 Mio t – 68,75 Mio t ≈ 41 Mio t

91 P 7.2

Durchschnittsverbrauch in Liter pro 100 km	Fahrstrecke in km
7	550
1	3850
5	**770**

Aufgabe P 8

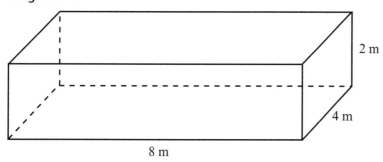

P 8.1
Maßstabsgerechte Zeichnung
Nach hinten verlaufende Kanten mit halber Länge in 45°
Korrekte Verbindung der Enden der nach hinten verlaufenden Kanten

P 8.2

$$G = \frac{0{,}80\ m + 2{,}00\ m}{2} \cdot 8 = 11{,}2\ m^2 \qquad\qquad V = 11{,}2\ m^2 \cdot 4\ m = 44{,}8\ m^3$$

92 ## Aufgabe P 9
P 9.1
$49{,}80\ € + 0{,}25\ €/km \cdot 180\ km = 94{,}80\ €$

P 9.2
$107{,}30\ € = 49{,}80\ € + 0{,}25\ €/km \cdot x\ km$
$57{,}50\ € = 0{,}25\ €/km \cdot x\ km$
$x = 230$

P 9.3
MiniRent : $y = 49{,}80 + 0{,}25 \cdot x$
MaxiRent: $y = 75{,}25 + 0{,}12 \cdot x$

P 9.4
$49{,}80\ € + 0{,}25\ €/km \cdot x\ km = 75{,}25\ € + 0{,}12\ €/km \cdot x\ km$
$0{,}13\ €/km \cdot x\ km = 25{,}45\ €$
$x = 195{,}769\ \dots$

Alternative Lösung:
Differenz der Grundbeträge: $75{,}25\ € - 49{,}80\ € = 25{,}45\ €$
Differenz des Preises pro km: $0{,}25\ € - 0{,}12\ € = 0{,}13\ €$
$25{,}45\ € : 0{,}13\ €/km = 195{,}769\ \dots\ km$

Alternative Lösung:
Eine Lösung durch Probieren ist zu akzeptieren. Es muss jedoch erkennbar sein, dass wirklich probiert wurde.

Ab 196 km lohnt sich der Tarif MaxiRent.

93

Aufgabe W 1

W 1.1

$s^2 = (1,80 \text{ m})^2 + (2,70 \text{ m})^2 = 10,53 \text{ m}^2$ $\qquad$ $s \approx 3,24 \text{ m}$ oder 324 cm

W 1.2

$\dfrac{b}{1,80 \text{ m}} = \dfrac{0,60 \text{ m}}{2,70 \text{ m}}$ $\qquad$ $b = 0,40 \text{ m}$

W 1.3

$\tan \alpha = \dfrac{2,70 \text{ m}}{1,80 \text{ m}} = 1,5$ $\qquad$ $\alpha \approx 56°$

W 1.4.1

$\sin \alpha = \dfrac{2,70 \text{ m}}{s}$ $\qquad$ oder $\qquad$ $\sin \alpha = \dfrac{2,70 \text{ m}}{3,24 \text{ m}}$

W 1.4.2

$\tan \alpha = \dfrac{0,60 \text{ m}}{b}$ $\qquad$ oder $\qquad$ $\tan \alpha = \dfrac{0,60 \text{ m}}{0,40 \text{ m}}$

94

Aufgabe W 2

W 2.1

Beleuchtungsstärke in 1 m Tiefe: 5000 Lux $\cdot$ 0,8 = 4000 Lux
Beleuchtungsstärke in 3 m Tiefe: 5000 Lux $\cdot$ $0,8^3$ = 2560 Lux

W 2.2

5000 Lux $\cdot$ $0,8^n$

W 2.3

5000 Lux $\cdot$ $0,8^{20} \approx 57,64$ Lux > 50 Lux
Der Taucher kann in 20 m Tiefe noch filmen.

W 2.4

Ansatz: 5000 Lux $\cdot$ $0,8^n = 140$ Lux
Rechnung oder systematisches Probieren ergibt: $n \approx 16$ (Meter)

W 2.5

In 4 m Wassertiefe ändert sich die Beleuchtungsstärke mit dem Faktor $0,75^4 \approx 0,3$.
Damit wird sie nicht auf 0 Lux sinken.

95

Aufgabe W 3

W 3.1

$y = 0,0004 \cdot 130^2 - 0,03 \cdot 130 + 5$ $\qquad$ $y = 7,86$ Liter/100 km

W 3.2

Graph k passt zur Funktionsgleichung $y = 0,0004 x^2 - 0,03 x + 5$

W 3.3

$6 = 0,0004 x^2 - 0,03 x + 5$ $\qquad$ $x_1 = 37,5 + \sqrt{1406,25 + 2500} = 37,5 + 62,5 = 100$

$x^2 - 75 x - 2500 = 0$ $\qquad$ $x_2 = 37,5 - \sqrt{1406,25 + 2500} = 37,5 - 62,5 = -25$

Der Folo hat einen Verbrauch von 6 Liter bei einer Geschwindigkeit von 100 km/h.

W 3.4

Das Minuszeichen vor x^2 bewirkt, dass der Verbrauch y für große x-Werte (Geschwindigkeiten) abnimmt. Da der Benzinverbrauch bei größerer Geschwindigkeit jedoch steigt, kann diese Funktion nicht den Zusammenhang zwischen Geschwindigkeit und Benzinverbrauch darstellen.

Aufgabe W 4

W 4.1

$V = 160\ m^2 \cdot 0{,}05\ m$ $\qquad$ $V = 8\ m^3$

W 4.2

Schätzen des Durchmessers zwischen 2,00 m bis 2,50 m
Schätzen der Höhe des Zylinders zwischen 2,50 m und 3,50 m
Schätzen der Höhe des Kegels zwischen 1,50 m und 2,00 m

Berechnen des Gesamtvolumens: Volumen zwischen 9,42 m³ und 20,45 m³
Das Silo enthält ausreichend Estrich.

Alternative Lösung:
Verzicht auf die Berechnung des unteren Kegels und statt dessen Annahme einer entsprechend größeren Höhe des oberen Zylinders. Die Höhe des Zylinders ist in diesem Falle zwischen 3,0 m und 4,2 m abzuschätzen.

W 4.3.1

Richtiger Wert: 18 m³

W 4.3.2

$V_{Kegel} = \frac{1}{3} \cdot G \cdot \frac{h}{2}$ und $V_{Zylinder} = G \cdot h$ $\qquad$ $6\ V_{Kegel} = G \cdot h$ $\qquad$ $6\ V_{Kegel} = V_{Zylinder}$

Aufgabe W 5

W 5.1

$P(\text{„2"}) = \frac{5}{10} = \frac{1}{2}$ oder 50 % oder 0,5

W 5.2

$P(\text{„13"}) = \frac{5}{10} \cdot \frac{2}{10} = \frac{1}{10}$ oder 10 % oder 0,1

W 5.3

Für gleiche Ziffern gibt es drei Möglichkeiten „11" und „22" und „33".

$P(\text{„11"}) = \frac{5}{10} \cdot \frac{3}{10} = \frac{15}{100} = \frac{3}{20}$ $\qquad$ $P(\text{„22"}) = \frac{4}{10} \cdot \frac{5}{10} = \frac{20}{100} = \frac{1}{5}$ $\qquad$ $P(\text{„33"}) = \frac{1}{10} \cdot \frac{2}{10} = \frac{2}{100} = \frac{1}{50}$

$P(\text{„2 gleiche Ziffern"}) = \frac{3}{20} + \frac{1}{5} + \frac{1}{50} = \frac{15}{100} + \frac{20}{100} + \frac{2}{100} = \frac{37}{100}$ oder 0,37 oder 37 %

W 5.4

Gewinn = zu erwartende Auszahlung – Einsatz
Ottos Gewinnchance liegt bei $\frac{1}{20}$ pro Spiel. Zu erwarten ist eine Auszahlung von $\frac{1}{20} \cdot 3$ €.
Das sind 15 Cent pro Spiel bei einem Einsatz von 20 Cent pro Spiel.
Otto hat mit einem Verlust (von 5 Cent pro Spiel) zu rechnen.

Alternative Lösung:
Zu erwarten ist eine Auszahlung von $\frac{1}{20} \cdot 3$ € $\cdot$ 100 bei 100 Spielen.
Das sind 15 Euro bei einem Einsatz von insgesamt 20 Euro.
Otto hat mit einem Verlust (von 5 Euro) zu rechnen.

Aufgabe P 1

P 1.1

$u = 6 \cdot 5 \text{ cm} + 8 \text{ cm} = 38 \text{ cm}$

P 1.2

$u = x + x + 2x + 2x + 8 \text{ cm}$

Alternative Lösung: $u = 6x + 8 \text{ cm}$

P 1.3

$u = 12x + 6 \text{ cm}$

$30 \text{ cm} = 12x + 6 \text{ cm}$

$24 \text{ cm} = 12x$

$x = 2 \text{ cm}$

Aufgabe P 2

P 2.1

$y = -2x + 4$

P 2.2

Beispiele für Funktionsgleichungen:

$y = x + 1$ *oder*

$y = 3$ *oder*

$y = \frac{3}{2}x$ *oder* $y = x^2 - 1$

Aufgabe P 3

$\begin{vmatrix} 2x + y = 11 \\ 3x + 2y = 19 \end{vmatrix}$
$\qquad y = 11 - 2x$

$\qquad 3x + 2 \cdot (11 - 2x) = 19$

$\qquad 3x + 22 - 4x = 19 \qquad |-22$

$\qquad -x = -3$

Lösung:

$x = 3$ und $y = 5$

Aufgabe P 4

P 4.1

Zylinder $\qquad\qquad$ Kegel

$V_Z = \pi \cdot r^2 \cdot h_k \qquad\qquad V_K = \frac{1}{3} \cdot \pi \cdot r^2 \cdot h_k$

$\quad = \pi \cdot (2{,}5 \text{ cm})^2 \cdot 5{,}8 \text{ cm} \qquad = \frac{1}{3} \cdot \pi \cdot (2{,}5 \text{ cm})^2 \cdot 5{,}8 \text{ cm}$

$\quad \approx 113{,}9 \text{ cm}^3 \qquad\qquad \approx 38{,}0 \text{ cm}^3$

Restkörper:

$V_R \approx 113{,}9 \text{ cm}^3 - 38 \text{ cm}^3 = 75{,}9 \text{ cm}^3$

Lösungsvariante:

Berechnung des Zylindervolumens

Berechnung des Restvolumens durch Multiplikation des Zylindervolumens mit $\frac{2}{3}$.

Lösungsvariante:

Berechnung des Kegelvolumens

Berechnung des Restvolumens durch Multiplikation des Kegelvolumens mit 2

P 4.2

Pascal hat Recht. Das Volumen des Kegels beträgt immer $\frac{1}{3}$ des Zylindervolumens.

Begründung:

$V_Z = \pi \cdot r^2 \cdot h_k \qquad V_K = \frac{1}{3} \cdot \pi \cdot r^2 \cdot h_k \qquad V_K = \frac{1}{3} \cdot V_Z$

99

Aufgabe P 5

P 5.1

a (in cm)	1	2	3	4	6	9	12	18	36
b(in cm)	36	18	12	9	6	4	3	2	1

P 5.2

Die Zuordnung ist antiproportional. Begründung:

Das Produkt $a \cdot b$ ist konstant; $a \cdot b = 36 \text{ cm}^2$.

Alternativ:

Wird die Länge einer Seite mit einem Faktor f multipliziert, so ist die Länge der anderen Seite durch f zu dividieren und umgekehrt.

100

Aufgabe P 6

P 6.1

%	Länge (cm)
100	8
1	0,08
141	11,28

Alternativ:

$a_{\text{Kopie}} = 8 \text{ cm} \cdot 1,41 = 11,28 \text{ cm}$

P 6.2

$A_{\text{Original}} = 8 \text{ cm} \cdot 8 \text{ cm} = 64 \text{ cm}^2$

$A_{\text{Kopie}} = (11,28 \text{ cm})^2 = 127,2384 \text{ cm}^2$

Größe (cm²)	%
64	100
1	$\frac{100}{64}$
127,2384	199

Alternativ:

$p\% = \frac{127,2384}{64} \% \approx 199\%$

Der Flächeninhalt der Kopie ist um ca. 99 % größer als das Original.

Aufgabe P 7

P 7.1

Konstruktion des Dreiecks ABC in einem geeigneten Maßstab (1 cm für 1 km in Wirklichkeit; Maßstab 1 : 100 000).

P 7.2

Angabe des verwendeten Maßstabs (z. B. 1 : 100 000)

P 7.3

Ein Dreieck ist genau dann rechtwinklig, wenn die Summe der Quadrate der beiden kleineren Seiten gleich dem Quadrat der größten Seite ist.

$a^2 + b^2 = (6,3 \text{ km})^2 + (8,4 \text{ km})^2 = 110,25 \text{ km}^2$

$c^2 = (10,5 \text{ km})^2 = 110,25 \text{ km}^2$

Das Dreieck ABC ist rechtwinklig.

101

Aufgabe P 8

A: Dazu ist im Diagramm nichts angegeben.

B: Dazu ist im Diagramm nichts angegeben.

C: Der Tankinhalt steigt plötzlich an. Es wird also um 16 Uhr getankt.

D: Um 19 Uhr sind noch gemäß Diagramm 20 l im Tank. D ist also falsch

E: Ab 19 Uhr ändert sich die Tankfüllung nicht mehr. Flensburg wird also nicht erst um 20 Uhr erreicht.

F: Auf der Fahrt wurden ca. 30 l + 20 l = 50 l verbraucht.

Bestätigt: C, F

Nicht bestätigt: A, B, D, E

Aufgabe W 2

W 2.1

Die y-Werte wachsen stets um 3100. Also gilt für x = 4

y = 11 600 + 3100 = 14 700

W 2.2

Ermittlung des Wachstumsfaktors 6600 : 3000 = 2,2. Also gilt für x = 4

y = 31 944 · 2,2 ≈ 70 277

W 2.3

I.   2300 + 3100 · 25 = 79 800 für das lineare Wachstum

II. 3000 · 2,2²⁵

     ≈ 1,091 · 10¹² für das exponentielle Wachstum

W 2.4

I: B – Gerade, die nicht durch den Nullpunkt geht.

II: F – Kurve mit steigendem Anstieg (zunehmender Steigung), die nicht durch (0|0) geht.

Aufgabe W 3

W 3.1

Der größte y-Wert wird für x = 0 erreicht. Die Höhe beträgt 76 m.

W 3.2

y (50) = −0,009 · (50)² + 76

y (50) = −0,009 · 2500 + 76

y (50) = −22,5 + 76

y (50) = 53,5

Der Punkt P liegt 53,5 m über dem Boden.

W 3.3

Die halbe Spannweite ist der x-Wert (in m), für den gilt:

−0,009x² + 76 = 0

−0,009x² = −76

x² ≈ 8444,4

x ≈ 92

Die Spannweite beträgt ca. 184 m.

W 3.4

Funktionsgleichung mit Scheitelpunkt S (0|0):

y = −0,009x²

Aufgabe W 4

W 4.1

Mögliche Schätzung und Rechnung für die Schnittfläche:

A ≈ 12 · 2 cm² + 3 · 6 cm² + 6 · 4 cm² = 66 cm²

Die Schnittfläche beträgt ca. 60 cm².

W 4.2

Rechnung für 10 km Schienenlänge mit A = 60 cm²:

10 km = 10 000 m   60 cm² = 0,006 m²   10 000 m · 0,006 m² = 60 m³

Es wurden ca. 60 m³ Stahl gestohlen.

W 4.3

$60 \text{ m}^3 \cdot 8 \frac{t}{m^3} = 480 \text{ t}$

$480 \text{ t} \cdot 200 \frac{€}{t} = 96\,000 \text{ €}$

Der Schrottwert beträgt ca. 96 000 €.

103

Aufgabe W 5

W 5.1.1

Vier von 17 Karten haben ein „S".

$P(S) = \frac{4}{17} \approx 0,235 = 23,5\%$

W 5.1.2

Die Wahrscheinlichkeiten $P(S)$ werden multipliziert.

$P(S,S) = \frac{4}{17} \cdot \frac{4}{17} = \frac{16}{289} \approx 0,055 = 5,5\%$

W 5.1.3

Beim 1. Zug gibt es 17, beim 2. Zug 16, beim 3. Zug 15 Karten in der Urne.

$P(SMS) = \frac{4}{17} \cdot \frac{1}{16} \cdot \frac{3}{15}$

Die drei Möglichkeiten, „SMS" zu bilden, sind: SMS, SSM, MSS.
$P(SMS) = P(SSM) = P(MSS)$

Gesamtwahrscheinlichkeit: $3 \cdot \frac{4}{17} \cdot \frac{1}{16} \cdot \frac{3}{15} = \frac{36}{4080} = \frac{3}{340}$

$$\approx 0,0088 \approx 0,9\%$$

W 5.2

Angabe einer richtigen Lösung.
Beispiele: 1 mal „S" und 3 andere Buchstaben, *oder*
   4 mal „S" und 10 andere Buchstaben werden noch zusätzlich in die Urne gelegt.